Società Moderna

28

Il quarto ordine dei simulacri. L'umano e il digitale.
A cura di Adolfo Fattori
Printed by Lulu
ISBN: 978-1-326-78916-9
Ipermedium libri – Funes

Il quarto ordine dei simulacri

L'umano e il digitale

a cura di Adolfo Fattori

Indice

Introduzione – del Futuro Presente

Adolfo Fattori

1. Mappe/Specchi

… in quell'impero, l'Arte della Cartografia raggiunse una tale Perfezione che la mappa di una sola provincia occupava tutta una Città e la mappa dell'Impero tutta una Provincia. Col tempo codeste Mappe Smisurate non soddisfecero e i Collegi dei Cartografi eressero una mappa dell'Impero che uguagliava in grandezza l'Impero e coincideva puntualmente con esso. Meno Dedite allo studio della cartografia, le Generazioni Successive compresero che quella vasta Mappa era inutile e non senza Empietà la abbandonarono alle Inclemenze del Sole e degl'Inverni. Nei deserti dell'Ovest rimangono lacere rovine della mappa, abitate da Animali e Mendichi; in tutto il paese non è altra reliquia delle Discipline Geografiche. (Suarez Miranda, Viajes de Varones prudentes, libro quarto, cap. XLV, Lérida,1658) (Borges, 1973, pag. 123).

Questo splendido racconto dei due giganti argentini della letteratura, Jorges Luis Borges e Adolfo Bioy Casares, sembra – ai nostri occhi per così dire postumi – anticipare nell'ordine dell'analogia il lungo processo che sta traghettando il collettivo e l'individuale nell'ordine del digitale. In un regime in cui si articolerà una totale mappatura di quella che siamo abituati a considerare la realtà "naturale", "materiale", che sia la "Matrice" immaginata nel 1984 da William Gibson in *Neuromante* (1986), il "Metaverso" di cui scrive Neal Stephenson nel 1992 in *Snow Crash* (2022), o le altre

5

configurazioni degli universi oltre le superfici che ci connettono/separano dal digitale – a partire dall'ormai quasi dismesso, semifatiscente e spopolato universo di "Second Life", l'universo virtuale fondato dal fisico Philip Rosedale nel 2003.

Niente di davvero nuovo, quindi, oggi, rispetto alle intuizioni/previsioni di venti, trenta, quaranta anni fa nell'ambito della relazione che intratteniamo col virtuale/digitale – accettando una ricca contaminazione combinatoria fra immaginazioni narrative e attualizzazioni scientifico-tecnologiche all'insegna della descrizione di un possibile futuro: se il metaverso di Stephenson e la matrice di Gibson erano frutto di speculazioni puramente narrative – ami lanciati verso un futuro già in atto – il mondo di "Second Life" era un oggetto molto "reale", nelle sue implicazioni economiche, finanziarie, e anche affettive e quotidiane (cfr. Caldieri, 2011).

Così, senza tanti proclami – a parte, forse, il caso di "Second Life" per le sue palesi intenzioni commerciali – immagini di una possibile mappatura sistematica, puntuale, esaustiva del nostro universo in una sua versione digitale erano state già articolate, anche se solo come possibili – in futuri finzionali, fra l'altro, della stessa sostanza della mappa imperiale di cui scrive l'(immaginario) viaggiatore Suarez Miranda.

Ormai, però, credo che ci si pari davanti agli occhi – almeno quelli di un'immaginazione prospettica non più tanto vertiginosa o eccentrica – una nuova dimensione, con implicazioni che fino a pochi anni fa potevano essere imprevedibili, se non nei romanzi di fantascienza, attualizzando i sogni più ottimisti dei tecnocrati – come gli incubi più inquietanti dei catastrofisti.

Una mappa, come quelle cui accennavo, che si estende dallo spazio-tempo ai singoli individui, inglobandoli al suo interno in termini di aggregati codificati, di configurazioni di dati – come in *Matrix* (Wachowski e Wachowski, 1999) – che diventano parte integrante dell'universo digitale. Un po' una versione complementare della logica che anima la saga di *Altered Carbon* (Morgan, 2004, 2018, 2018) e le sue realtà virtuali "locali", in cui gli umani possono "entrare", connettendovisi grazie alla "pila corticale" in cui è conservata la propria identità, sperimentando una dinamica di *co-produzione* di una realtà "abitata", un ambiente virtuale che interagisce pienamente con l'*avatar* dell'umano al suo interno.

L'insieme dei device che costituiscono quelli che sono stati battezzati "biomedia" articolano di noi una rappresentazione digitale "dell'ordine del modello", se vogliamo ispirarci a Jean Baudrillard (1979), a un passo dalla possibilità di essere trasmessa altrove e conservata "in remoto", come già avviene per una profilazione che per ora si è rivolta alle consuetudini, alle abitudini– e sempre di più, quindi, "alle immagini e ai sogni" (come si esprimeva anni fa Edgar Morin [2017]) – degli individui, ma che ha tutta la potenzialità di diventare una mappatura digitale delle caratteristiche biologiche di ogni singola persona – il processo di individualizzazione che partendo dalla coscienza colonizza il corpo fisico, ma al servizio di agenzie esterne che spingono la profilazione algoritmica ai livelli estremi. Estasi delle pretese "data sciences" e delle contabilità sociali – che passano dall'analizzare i comportamenti allo scrutare il funzionamento dei corpi.

D'altra parte, già a metà del XVIII secolo il medico filosofo francese Julien Offray de La Mettrie scriveva che "L'anima è un'ipotesi inutile: l'uomo è una macchina" (1973).

Una macchina. Un *hardware*: allora governato e controllato da ingranaggi mossi meccanicamente – a somiglianza degli artefatti artigianali, come per gli automi dell'epoca[1]; oggi in potenza da computer remoti, che ne leggono le performance, le memorizzano, le prevedono e – forse, in prospettiva – potranno influenzarle...

D'altra parte, subito prima dei bio-media, i device appena battezzati come tali, come i contapassi integrati negli orologi da polso o negli smartphone, usiamo già da tempo saturimetri e sfigmomanometri digitali, a un passo da poter essere connessi ad un qualsiasi terminale...

Una dinamica di integrazione totale fra il *corpo* vivente e l'*ambiente* sociale, naturale – e digitale, sotto la "dittatura degli algoritmi" (Landi, 2024), l'ordine del *modello*, come scriveva Baudrillard (1979), anche se, forse, abbiamo fatto un passo avanti: un *quarto* "ordine dei simulacri", o un *terzo* ordine "versione β" o "2.0" sotto il segno di un'unica unità di misura, quella del codice, che – a differenza di quello genetico, della doppia spirale del DNA – è partito dal non-vivente, dal mondo minerale, per colonizzare corpi – e "anime"?

I computer, nati come estrema mimesi dell'organico, dai primi automi alle Intelligenze Artificiali, potrebbero "liberare" creature impreviste?

Una notte la gente dello specchio invase la terra. Irruppe con grandi forze. Ma, dopo sanguinose battaglie, le arti magiche dell'Imperatore Giallo prevalsero. Egli ricacciò gli invasori, li incarcerò negli specchi, e impose loro il compito di ripetere, come in una specie di sogno, tutti gli atti degli uomini. Li privò di forza e di figura propria, riducendoli a meri riflessi servili. Un giorno, tuttavia, essi si scuoteranno da questo letargo magico. Il primo a svegliarsi sarà il Pesce. Nel fondo dello specchio scorgeremo una linea sottile, e il colore di questa linea non rassomiglierà a nessun altro. Poi verranno

---

[1] Cfr. sul tema Cesarani, 1969; Bredekamp, 1996.

svegliandosi le altre forme. Gradualmente, differiranno da noi; gradualmente, non ci imiteranno. Romperanno le barriere di vetro o di metallo e questa volta non saranno vinte. Al fianco delle creature degli specchi combatteranno le creature dell'acqua. Nello Yunnan si parla non del Pesce ma della Tigre dello specchio. Altri intende che, prima dell'invasione, udremo nel fondo degli specchi il rumore delle armi (Borges, 1962).

2. Le sostanze

Così, nel tentativo di contribuire a mappare i nuovi territori della vita quotidiana – quelli ibridati con gli universi digitali – Marica Castaldi si concentra sui processi di piattaformizzazione, sui rischi di controllo, e sulle ansie che ne derivano, come la *Fear of Missing Out* e la *Fear of Being Seen*, tipi di ansia sociale che, certo, sono però già presenti offline, ma che trasponendosi, dove la sfera pubblica si è ampliata in misura tale da recare ansia e insicurezze.

Più o meno nella stessa sfera si muove Enrico Ciccarelli, che prova ad analizzare l'impatto degli algoritmi sul modo in cui gli individui prendono le loro decisioni, lavorando sul fenomeno spesso trascurato della *non-decisione*, attraverso l'esame di pratiche quotidiane quali il binge-watching e il consumo intensivo di contenuti sui social media.

Il contributo che invece proponiamo Pasquale Massimo ed io proviene dalla sociologia dell'immaginario, nei termini di una possibile "archeologia del sapere" fantastico applicato ai simulacri dell'umano, riflessi di una "… filosofia spontanea di quelli che non fanno filosofia", come scriveva Michel Foucault: rami secchi del pensiero, vicoli ciechi della riflessione, appartenenti perciò all'immaginario quotidiano e non al pensiero scientifico rigoroso e organizzato, ma che però spesso vengono trascurati nel dibattito sulla digitalizzazione, pur rappresentandone in qualche modo gli "antenati".

Vittoria Laboccetta, dal canto suo, ispirandosi alla fenomenologia di Edmund Husserl, riporta il discorso sulle relazioni dirette fra digitale e organico pone l'accento su come nell'attuale cultura sanitaria continuino ad emergere nell'operatività delle pratiche cliniche i pregiudizi del dualismo mente-corpo, vuoto culturale e organizzativo che potrebbe (dovrebbe) essere colmato riconoscendo il giusto ruolo e valore delle neuroscienze. La tripartizione tra *disease, illness* e *sickness* evidenzia la necessità di un approccio che integri queste componenti per comprendere e trattare la malattia in modo completo, che sottolinei l'importanza del corpo vissuto (*Leib*).

Su un piano simile si muove Antonella Napoli, che prova a indagare il ruolo dei cosiddetti bio-media – quei mezzi di comunicazione che si interfacciano non solo con i nostri sensi ma che sono anche capaci di travalicare la percezione dei nostri sensi. Il fine è quello di osservare le implicazioni comunicative e sociali rese possibili da tali media – leggendo questi fenomeni attraverso il paradigma della bio-mediatizzazione – e di identificare brevemente alcuni scenari che sembrano configurarsi in termini sociali e culturali.

Maria Pecchinenda, invece, riflette sul modo in cui i ricordi mediati da agenti autonomi ristrutturano i modi attraverso cui elaboriamo il senso del passato e la costruzione della nostra memoria individuale e collettiva. Lo spunto principale deriva dall'ormai diffusissimo "accadde oggi", che appare periodicamente sui nostri schermi attraverso i vari social. Man mano che gli individui producono immagini di qualunque tipo (fotografie, video o altro), sia che queste vengano pubblicate, sia che rimangano nelle gallerie degli smartphone, essi diventano automaticamente *ricordi*, che vengono riproposti in delle anteprime di cui ha pieno controllo il nostro dispositivo.

Con Valerio Pellegrini torniamo a rivolgerci all'immaginario narrativo, in particolare alla tutina rossa e blu dell'Uomo Ragno, che non è più una semplice maschera, un mero accessorio superomistico, ma un dispositivo che offre a Spider-man analisi, misurazioni e soccorso decisionale, modificando in profondità le rappresentazioni narrative della simbiosi umani-macchine. Offrendo alla fantascienza contemporanea spunti di riflessione sulle implicazioni sociali e biopolitiche della diffusione di *wearable device* e visori per la realtà aumentata nell'ambito dei consumi di massa.

Per chiudere il discorso, Giulia Pellegrino e Luigi Somma tornano all'immaginario narrativo analizzando le implicazioni connesse al superamento della corporeità e al concetto di immortalità grazie all'avanzare della tecnologia e in riferimento allo sviluppo dell'IA nelle prospettive individuate nel videogioco della *software house* polacca *CD Project Red*: *Cyberpunk 2077*.

Mostrando come il *cyberpunk* è declinato in questo gioco, tenendo conto delle specificità del *medium* e del genere di gioco, i legami con la matrice letterario-musicale e le sue implicazioni sociologiche in termini di superamento del concetto di morte fisica, di frammentazione dell'identità.

Bibliografia

Baudrillard J. (1976), *Lo scambio simbolico e la morte*, Feltrinelli, Milano, 1979.

Borges J. L. (1953), *Del rigore della scienza*, in Borges J. L., Bioy Casares A., 1973.

Borges J. L. (1957), *Manuale di zoologia fantastica*, Einaudi, Torino, 1962.

Borges J. L., Bioy Casares A. (1953), *Racconti brevi e straordinari*, Franco Maria Ricci, Parma, Milano, 1973.

Bredekamp H. (1993), *Nostalgia dell'antico e fascino della macchina*, il Saggiatore, Milano, 1996.

Caldieri S. (2011), *Spazi sintetici. Verso una sociologia dei mondi digitali*, Liguori, Napoli.

Ceserani G. P. (1969), *I falsi Adami*, Feltrinelli, Milano

Gibson W. (1984), *Neuromante*, Nord, Milano, 1986.

Morin E. (1975), *Lo spirito del tempo*; Meltemi, Milano, 2017.

Morgan R. (2002), *Bay City*, Nord, Milano, 2004.

Morgan R. (2003), *Angeli spezzati*, Tea, Milano, 2018.

Morgan R. (2005), *Il ritorno delle furie*, Tea, Milano, 2018.

Offray de La Mettrie J. (1747), *L'uomo macchina e altri scritti*, Feltrinelli, Milano, 1973.

Stephenson N. (1992), *Snow Crash*, Mondadori, Milano, 2022.

Filmografia

Matrix, di Lana e Lilly Wachowski, Usa, 1999.

Algorithmus homini lupus est
tra Fear of Missing Out e Fear of Being Seen

Marica Castaldi

1. Piattaformizzazione e algoritmo

In un mondo in continua accelerazione e in costante mutamento l'essere umano cerca di stare al passo con le nuove tecnologie. Ci troviamo in quello che viene definito "effetto Regina Rossa" di *Alice's Adventure in Wonderland,* il famosissimo racconto scritto da Lewis Carroll nel 1865.

> Ora, qui, vedi Alice, bisogna correre a più non posso, per restare nello stesso posto. Se vuoi andare da qualche parte, devi correre più svelta almeno il doppio! (Carroll, 2019, p.136)

La nascita di Internet ha avuto come obiettivo l'appropriazione da parte degli individui di "tutto il mondo nelle proprie mani". Dimenticando, infatti, che la rete non è per sua natura libera, diviene aperta nell'estate del 1991 grazie a Tim Berners-Lee e altri colleghi del Centre Européèn de Recherches Nucléaire (CERN). I quali hanno reso pubblico il protocollo di comunicazione tra computer, il World Wide Web (WWW).

> L'individuo in rete è un consumatore o un imprenditore che vive negli spazi digitali e in un mercato libero da condizionamenti statali. Questa ondata di tecnoliberismo venne in seguito riassunta nella formula "ideologia californiana", una denuncia della visione secondo la quale la diffusione di Internet porterà ad un accesso diffuso a sapere e

informazione e quindi cancellerà le differenze (Arvidsson, Delfanti, 2013, p.41).

Tim O'Reilly nel 2004 conia il termine Web 2.0, il quale spalanca le finestre su una nuova visione del mondo. Web caratterizzato da tre pilastri fondamentali: condivisione, interazione e partecipazione.
Questo nuovo mondo permette agli utenti di diventare *prosumer* (Toffler, 1980), ovvero sia produttori che consumatori.
All'interno di questo nuovo web, come scrisse il politologo Yves Mèny,

> L'individualismo esacerbato che le nuove tecnologie favoriscono ed esasperano nel mondo dei consumi e dei servizi privati sono l'antipasto del terremoto in corso: non c'è più bisogno di negozi per fare acquisti, delle agenzie specializzate per viaggiare, degli sportelli per le operazioni bancarie, delle compagnie di taxi per prenotare una macchina, ecc. Si aderisce a un partito o ad un movimento con un semplice "clic" e vi si contribuisce digitando gli estremi della carta di credito...(Mèny, 2019, p.37)

La piattaformizzazione, l'eliminazione degli intermediari cosa può comportare? Nell'utopia di una maggiore autonomia, potremmo sfociare nell'essere plasmati dalla logica algoritmica? Quali possono essere le ripercussioni, e qual è il ruolo di ogni singolo utente sulle piattaforme?

2. Immaginario digitale
L'immaginario del web contemporaneo è quello di un mondo in cui possiamo fare a meno degli intermediari. Si può comprare qualsiasi prodotto con un semplice "clic"; è possibile prenotare un taxi senza dover chiamare la società che offre il

servizio. Fare pagamenti digitali, bonifici, e tanto altro, senza il bisogno di recarci in banca.

Come sottolinea la studiosa di scienza e tecnologia Sheila Jasanoff in *Imagined worlds The politics of future-making in the twenty-first century*, bisogna considerare le tecnologie come strumenti politici oltre che mera produzione materiale: "gli artefatti hanno politica".

Qual è l'immaginario dei social media o degli algoritmi?

Il cambiamento, l'innovazione non avviene immediatamente con la nascita di una nuova tecnologia. È un lungo processo che prevede immaginazione, narrative dicotomiche, come "tecnofili" o al contrario "tecnofobi". È la storia di scenari, cambi di vita e possibilità future.

Quando si parla di relazione individuo-tecnologia non si può prescindere dal parlare di immaginario. Smartphone e dispositivi vari incorporati ormai nel flusso della vita quotidiana plasmano le nostre vite individuali. Sono strumenti di intermediazione, che aspirano ad essere utili per la risoluzione più rapida di problemi, dispositivi che ci accompagnano nel quotidiano. Ma soprattutto, questi non devono essere visti in un'ottica da apocalittici o da integrati, citando Umberto Eco. È la relazione fra umano e tecnologia, in un processo di *social shaping*: la modellazione sociale della tecnologia, dove non esiste una forza dominante sull'altra (MacKenzie, Wajcman, 1999).

Da un lato ci sono le piattaforme, in particolare social media, in termini entusiasmanti. Diventare virale, famoso, vivere e guadagnare e non guadagnare per vivere. Dall'altro lato si trovano insidie, questioni etiche, alienazioni e nuove forme di stress e ansia.

Procedere con uno sguardo critico, avulso da quello che il "futurist" Gerd Leonhard, nel suo saggio *Tecnologia vs*

Umanità, definisce "ottimismo accecante o pessimismo paralizzante".

Come Mark Fisher in *Realismo Capitalista* ha perfettamente affermato che "è più facile immaginare la fine del mondo che la fine del capitalismo". Le piattaforme, i social media, rappresentano un territorio fertile sulle quali veicolare il cosiddetto capitalismo egoista.

> Le tossine più nocive del capitalismo egoista, sono quelle che sistematicamente incoraggiano l'idea che la ricchezza materiale sia la chiave per la realizzazione personale, che i ricchi sono i vincenti e che per puntare in alto non serve altro che lavorare sodo, indifferentemente dal retroterra familiare, etnico o sociale di provenienza. Se poi non riesci, l'unico da biasimare sei tu (James, 2015, p.83).

Il neoliberismo, come orientamento politico, ha come assunto l'idea dell'individuo come responsabile delle sue opportunità e della sua stessa vita.

Nell'immaginario del "se vuoi puoi", dei life coach e dell'imprenditorialità ripresa dal "sogno americano", i social sono culla di narrative coerenti al capitalismo egoista.

In fondo "Tutti possono diventare famosi attraverso le piattaforme digitali, basta lavorare tanto, esporsi e creare contenuti…". Cosa c'è dietro a questo storytelling?

3. Scatole nere e Viralità
3.1 L'algoritmo

Le piattaforme, gli algoritmi, non sono neutrali. Questo è un primo importante punto da sottolineare quando si parla di immaginario tecnologico. La tecnologia non è neutrale, gli algoritmi sono black-box di cui non conosciamo perfettamente, o per niente, il funzionamento.

Gli algoritmi considerati come "scatole nere", strumenti opachi che non sono empiricamente accessibili e quindi difficilmente comprensibili (Pasquale, 2015), sono sia un artefatto socio-culturale sia un agente sociale (Prozato, 2024).

Da un lato è possibile, da parte dell'utente, "piegare" l'algoritmo per personalizzare al massimo la propria esperienza sui social media o sulle piattaforme in generale. La pratica di personalizzazione e profilazione dei contenuti può essere letta in una logica duplice. La "profilazione positiva" intesa come la possibilità di poter avere contenuti di interesse per l'utente (ad esempio notizie specifiche su un determinato argomento). La "profilazione negativa", che non è altro che l'estremizzazione della profilazione, provocando una cassa di risonanza, le cosiddette camere dell'eco (echo chamber) e il ritrovarsi all'interno di bolle di filtraggio (filter bubble).

Le *echo chamber*, o casse di risonanza, fanno riferimento ad ambienti in cui le persone sono sottoposte sempre ai medesimi stimoli, provenienti da persone che hanno opinioni e credenze simili. Le *filter bubble* sono ambienti chiusi: l'algoritmo si nutre delle nostre preferenze, che noi utenti abbiamo fornito. Tra le problematicità di questi due fenomeni vi possono essere la disinformazione e la malinformazione. Dove quest'ultima ha un intento malevolo (Wardle, Derakhsan, 2017). Queste logiche mettono a dura prova l'idea di una libertà di informazione. Il paradosso è che si crede di informarsi liberamente ma in realtà si è soggetti alla logica di profilazione algoritmica.

4. Economia morale e sorveglianza
4.1 Attenzione ai dati
L'economia morale governa il funzionamento di molti social media, porta inevitabilmente alla condivisione della profonda intimità, vita quotidiana e esperienze personali. La merce

diventano gli utenti. Prodotto, da un lato, per chi lavora sulle piattaforme e vende le proprie esperienze quotidiane. Non bisogna essere *influencer* o *content creator* per diventare merce.

"Quando è gratis, il prodotto sei tu": i nostri dati sensibili, le nostre preferenze. Tutto creato per facilitare vendite, sponsorizzazioni e profilazione.

Ma l'economia morale è ancora di più:

> Le merci non sono più soltanto gli oggetti venduti, ma le informazioni sugli oggetti e sui consumatori, così come le comunità che si creano intorno alle pratiche di consumo, che generano esse stesse valore producendo informazioni e idee innovative ed esperienze significative per i consumatori coinvolti (Beer, 2013).

I nostri dati, l'attenzione diventano nutrimento fondamentale dell'algoritmo. La logica si alimenta del tempo che passiamo sui social media e sulle tracce digitali che lasciamo. Problematico sia sotto un punto di vista di dati sensibili: profilazione dettagliata e riflessioni riguardo la democrazia... I dati indispensabile nutrimento possono plasmare la nostra esperienza a proprio piacimento.

> I vecchi media influenzavano i contenuti dei messaggi che veicolavano, ma sapevano poco o nulla delle loro audience. Al contrario, i nuovi media non solo inglobano i contenuti delle loro audience, ma le conoscono fin nei minimi dettagli (Best, 2010).

> Il potere post-egemonico è immerso in logiche sempre meno visibili, dove il petrolio della nuova economia dell'informazione digitale sono i dati, trasformati in neo-merci (Lash, 2007).

4.2. Sorveglianza P2P

All'economia morale e dell'attenzione si collega la questione della sorveglianza, questo incontro diventa fondamentale per comprendere molte attuali manifestazioni di ansia.

La piattaformizzazione permette di essere più veloci, senza gli intermediari. Permette di creare nuove logiche di accumulazione e di economia. Come già osservarono Karl Marx e Friedrich Engels nel *Manifesto del Partito Comunista*, "Il Capitale... ha trasformato la dignità personale in valore di scambio".

Secondo Marx (nel capitolo diciassettesimo del *Capitale*), "Il salario dell'operaio si presenta come prezzo del lavoro, come una determinata quantità di denaro che viene pagata in cambio di una sua determinata quantità di lavoro".

Attraverso la logica della piattaformizzazione della vita quotidiana e con i social media muta anche il concetto di giornata lavorativa. Il tempo di lavoro, il tempo libero e quello di riposo possono essere "porosi", interferendo l'un l'altro e mescolandosi fra loro. Utilizzare i social media per lavorare vivendo, il cosiddetto slogan "se vuoi puoi", intriso di quel capitalismo egoista di fisheriana memoria.

> Il Capitale ha spento le più celesti enfasi del fervore religioso, dell'entusiasmo cavalleresco, del sentimentalismo filisteo, nelle fredde acque del calcolo egoistico. Ha trasformato la dignità personale in valore di scambio, e al posto delle tante e inalienabili libertà conquistate a caro prezzo ha stabilito un'unica, spregiudicata libertà: quella del commercio. In una parola, allo sfruttamento camuffato da ragioni politiche e religiose ha sostituito lo sfruttamento più scoperto, spudorato, diretto e brutale (Fisher, 2009, pp.30-31).

Questa grande mole di dati che circola provoca varie forme di sorveglianza. Il *Panopticon*, ideato dal filosofo e giurista Jeremy Bentham nel 1791, è un idealtipo di carcere che "lascia vedere tutto".

Un luogo in cui i detenuti sono osservati ma non possono osservare. Attraverso i social media siamo tutti *voyeur in panopticon*: tutti noi siamo controllori, come la guardia nel carcere di Bentham; per esempio, controllando il profilo social di un altro, e quasi sempre senza lasciare tracce. La differenza con l'idea tradizionale è che siamo tutti controllori.

Ed è proprio il mondo in cui viviamo, in cui "siamo controllori, siamo controllati e facilitiamo il nostro controllo" (Bauman e Lyon, 2015). Dando vita ad una sorveglianza sociale, come la definisce la sociologa digitale Deborah Lupton, in cui c'è un controllo tra pari, non esente da eventuali gogne o *shitstorm* ove le "regole" non sono state rispettate.

Bisogna stare sempre attenti: a ciò che si pubblica e a come si pubblica.

È la cosiddetta *cancel culture*, un

> Atteggiamento di colpevolizzazione, di solito espresso tramite i social media, nei confronti di personaggi pubblici o aziende che avrebbero detto o fatto qualche cosa di offensivo o politicamente scorretto e ai quali vengono pertanto tolti sostegno e gradimento. Attento a quel che dici, perché appena mi deludi ti cancello (Dizionario Treccani).

In realtà ad essere cancellati, o ancora peggio messi alla gogna, talvolta non sono personaggi pubblici, ma sono persone comuni che diventati "virali" assumono nel loro spazio di funzionamento algoritmico le caratteristiche di un personaggio noto. Tutti sui social media possono essere vittima di commenti sgradevoli e di segnalazioni.

Cosa è che è giusto? Il focus si sposta su questo, cosa ci permette di poter mettere alla gogna determinati personaggi? Qual è il *Contract Social* che va rispettato*?*
"L'uomo è nato libero, e ovunque è in catene" (Rousseau, 2019).

4.2 La viralità

Prendendo l'esempio di TikTok, un gruppo di studiosi del medium, tra cui Daniel Faltesek e colleghi, ha pubblicato *Tik Tok as television*; riprendendo il concetto di flusso di Raymond Williams del 1978 applicato agli studi sul mezzo televisivo. La piattaforma cinese è caratterizzata dall'esperienza di scorrere una *timeline*. Ogni individuo con i singoli contenuti automatizzati e personalizzati vive però, a differenza della televisione, un flusso singolo. L'esperienza dello *zapping* televisivo diviene l'esperienza dello *scrolling sui* social media. Una delle caratteristiche fondamentali è il ruolo dell'accesso. L'utente comune diventa virale quando favorisce la funzione catartica e di accesso ai suoi spettatori, il tutto alimentato nella logica della circolarità. Passando così da un consumo vistoso ad un consumo non vistoso, immateriale: beni a basso costo per favorire la relazionalità con la classe media (Bainotti, 2023).

4.3 La precarietà

Il capitalismo egoista permette di poter lavorare e guadagnare "semplicemente" attraverso l'esposizione sui social media. Secondo la giornalista Abby Ohlheiser del MIT Technology Review nel 2020, "Piccoli cambiamenti algoritmici da parte di una piattaforma possono rendere o distruggere un'intera carriera".
I contenuti maggiormente presenti su TikTok, e non solo, sono generati dal basso, con scarsa manodopera. La minaccia nel lavoro creativo dei social media e sui social media è

l'invisibilità. La continua ricerca della visibilità e della viralità influenza i processi e i prodotti che l'utente deve creare. Nell'articolo *The Nested Precarities of Creative Labor on Social Media* di Brooke Erin Duffy e colleghi si evidenzia: come i lavoratori siano impegnati, più che nella produzione, nella definizione di una reputazione. La problematicità è la cosiddetta "perdita di controllo". Essendo soggetti a quantificazione del proprio lavoro con metriche come like, visualizzazioni, condivisioni, tasso di interazione in generale... Chi lavora con i social media ha come datore di lavoro l'algoritmo, imprevedibile, con la costante paura e incertezza di dover cambiare strategia comunicativa o cambiare social media per avere maggiore stabilità.

5. Nuove forme di ansia sociale

Nella cornice dell'economia dell'attenzione, della viralità, del flusso e della precarietà si annidano due fenomeni che hanno preso largo spazio nei contesti digitali: La *Fear of Missing Out* e la *Fear of Being Seen*. Questi tipi di ansia sociale sono però già presenti offline. Il problema è la trasposizione nell'online, dove la sfera pubblica (Habermas, 1962) si è ampliata a tal punto da recare ansia e insicurezze. Il percorso dall'algoritmo, alla sua viralità e precarietà consente di evidenziare i possibili scenari di questa logica di accumulazione dei dati e perfezionamento degli stessi. Evidenziando problematiche, a volte nascoste che possono essere sintomatiche dello spirito del tempo contemporaneo.

Lo psicologo Jonathan Haidt nel 2024 pubblica un libro dal titolo italiano *La generazione ansiosa, come i social hanno rovinato i nostri figli.* Sottolineando e mettendo in evidenza problematiche nell'utilizzo non consapevole dei social media da parte dei più giovani.

La paura è la risposta emotiva a un'imminente minaccia reale o percepita, mentre l'ansia è l'anticipazione di una minaccia futura (American Psychiatric Association, 2022).

Haidt sottolinea come le persone, in particolare gli adolescenti, siano maggiormente preoccupati di una "morte sociale" più che di una morte fisica, sensibili alle cosiddette *minacce sociali*: come l'esclusione e l'umiliazione. Sui social network la costante ansia di evitare una morte social può influire sul corpo e la mente in modi diversi. C'è chi capitalizza sull'ansia e pubblica video per la *viralità*. Chi, più profondamente, ha lo scopo di sensibilizzare il fenomeno; ed infine ci sono i *voyeur* di chi esprime le proprie ansie: o per compassione o perché sente di essere capito.

5.1 La Fear of Missing Out

La *F.O.M.O*, la paura di rimanere esclusi. Un'ansia sociale non recentissima in letteratura. La Fear of Missing out è la paura di essere tagliati fuori. Il termine nel 2013 è entrato nell'Oxford English Dictionary. È stato coniato dall'imprenditore Patrick James McGinnis.

Lo stesso autore, basandosi su una ricerca condotta da studiosi dell'università del Michigan, i quali hanno analizzato la reazione del cervello umano in situazione di esclusione, sostiene che la Fomo non è "colpa nostra", è un qualcosa che è presente nel DNA. Ancora, la cultura e la tecnologia possono portare ad una "connettività permanente": portando ad un confronto con gli altri, diventando una problematica seria. L'hashtag #FOMO è presente quasi su qualsiasi social network ed è corredato da frasi o post che spiegano questa costante voglia di pubblicare ed essere presenti sui social. Questa eccessiva paura di essere rimasti fuori, porta ad un inevitabile eccesso di informazioni: definito come *information overload* o *obesità cognitiva*. Continuamente inondati da informazioni impossibili da immagazzinare e soprattutto comprendere: a cosa credere e cosa no. Provocando numerose problematiche anche in termini di credibilità, diffusione di *fake news*, come è accaduto nel contesto pandemico. La viralità è strettamente legata a questa forma di ansia sociale, "stare sul pezzo", non perdersi il *meme* del momento.

Un altro termine correlato all'obesità cognitiva è la cosiddetta F.O.B.O. (*Fear Of Better Options*). Sui social si viene inondati di informazioni, prodotti, stili di vita. La paura è quella di aver fatto la scelta sbagliata nella propria vita e di non aver scelto la migliore opzione possibile. Ma qual è la migliore opzione possibile per noi? La scelta della giusta università, del giusto lavoro…

Già nel 1920 l'antropologa Margaret Mead nel suo studio *Adolescenti a Samoa* analizzò il periodo adolescenziale degli indigeni confrontandolo con quello degli americani. Comprese che l'adolescenza non è un periodo turbolento di per sè, ma le problematiche che vi sono connesse dipendono da fattori culturali; tra questi la grande quantità di scelte sul futuro, che portano inevitabilmente gli adolescenti americani ad avere tensioni e problemi, a differenza degli adolescenti samoani, estranei a pressioni individualistiche e con ruoli sociali ben definiti.

Se si ricerca l'hashtag #FOMO sui social media è possibile trovare un grandissimo repertorio di video di utenti, i quali spiegano cos'è la FOMO e raccontano la propria esperienza. È la società della performance, competizione e paura di non essere all'altezza. Nella vita *onlife* non possiamo prescindere dai dispositivi digitali.

5.2 La Fear of Being Seen

Osservando le piattaforme dei social network sembrerebbe emergere anche una tendenza differente. Numerosi articoli parlano della "morte dei social": meno utenti attivi, che utilizzano perlopiù un atteggiamento da *voyeur*, osservatore senza essere osservati, la condizione post-panottica definita da Zygmunt Bauman e David Lyon.

Questa grande sfera pubblica può provocare un'ansia sociale che risulta opposta alla paura di essere tagliati fuori, ma è la paura di essere visti *fear of being seen*, definita anche come *scopophobia:* letteralmente la paura di essere guardati. Questa fobia viene trasposta dall'offline all'online, molte volte amplificata data l'immensità della rete Internet. Chi soffre questo tipo di ansia sociale tende a nascondersi nel digitale, non mostrando foto di sé stesso, anche se continua ad essere un utente attivo, ma limitato. Cercando l'hashtag #Fearofbeingseen sui social network ci si può imbattere in contenuti i quali affermano che la "paura di essere visti", o di mostrarsi sui social, sia un trauma infantile. In realtà questo tipo di affaticamento nell'utilizzo delle piattaforme è stato amplificato anche dalla pandemia da Covid-19. L'obesità cognitiva, la performatività, la viralità: tutti concetti che hanno incentivato, oltre alla paura di rimanere fuori, la paura di essere visti. Stanchi del continuo confronto con altri; aumento della consapevolezza digitale e della privacy, sono tutti fattori che contribuiscono al diminuimento della pratica del postare sui social media. Smettere di utilizzare i social media permette di poter cambiare dei modelli comportamentali, liberandosi dalle conseguenze negative della tecnologia (Cao e Sun, 2018). Non postando più per molto tempo si perde il proprio capitale reputazionale sul social media, sfociando frequentemente in una paura di ripostare nuovamente.

Ad incidere su questo tipo di ansia possono essere *fattori individuali*, data la maggiore consapevolezza riguardo la privacy e i dati sensibili; *fattori ambientali*, connessi alla costante complessità delle tecnologie e la difficoltà nello stare al passo con le logiche algoritmiche (viralità e precarietà); *fattori relazionali*, legati alle difficoltà nello stare al passo con la grandissima mole di informazioni.

6. Algorithmus homini lupus est

Precarietà, viralità, obesità cognitiva sono tutti concetti che sfociano in due estremizzazioni differenti, alla declinazione dei due tipi di ansia sociale. Non sarebbe propriamente corretto affermare che chi soffre di queste tipologie di ansia online ne soffre anche offline. Poiché è pur vero che viviamo una vita onlife; ma molte volte la narrazione del sé assume caratteristiche differenti nei due spazi, a seconda del modo che scegliamo per autorappresentarci.

L'*Hobbesian Question*: come si verifica il passaggio da *homo homini lupus est* (guerra di tutti contro tutti) alla creazione di un ordine normativo?

Secondo il sociologo Émile Durkheim per creare un ordine normativo vi è bisogno dell'interiorizzazione delle norme sociali.

Essendo l'algoritmo una scatola nera, con le caratteristiche della viralità ma anche della precarietà, come permette di interiorizzare delle norme che definiscono il vivere nel mondo online con stabilità?

Questa analogia permette di spiegare, spesso, quanto sia difficile evitare commenti indesiderati, gogne mediatiche e tanto altro. Il rapportarsi costantemente, attraverso l'iper-connessione, con gli altri. Diagnosticare e diagnosticarsi forme di ansia sociale.

La studiosa Sherry Turkle scrive nel 2019 il libro *Insieme ma soli, perché ci aspettiamo sempre più dalla tecnologia e sempre meno dagli altri*. Creare contenuti di fome di ansia sociale permette di: poter raggiungere l'autenticità e di conseguenza la viralità. Di poter raggiungere più persone "sole" e di condividere storie di vita simili, mediate da uno smartphone. Il tutto accompagnato da frasi come "cinque modi per capire se hai la FOMO" oppure "cinque modi per combattere la Fear of being seen". Capitalizzando ansie e paure per la logica dell'algoritmo. La capitalizzazione di vari aspetti della vita quotidiana, immersi totalmente nella logica dell'economia morale e del realismo capitalista.

Nel 1990 e negli inizi degli anni duemila i luoghi dove poter confrontarsi online erano le prime community, e poi successivamente i forum. I social media, in particolare quelli algoritmici, hanno reso questo meccanismo più facile e veloce. Potersi confrontare o trovare conforto in video e in situazioni simili che hanno vissuto altre persone può essere positivo. La sovranità dell'algoritmo porta inevitabilmente ad una logica di accumulazione di esperienze di vita per il bene della piattaforma stessa, portando così obbligatoriamente a rendere il contenuto sensibile una fonte di monetizzazione. Si finisce così per lavorare per l'algoritmo.

La sovranità dell'algoritmo può portare a creare appositamente contenuti riguardo dei temi
di tendenza, senza magari aver effettivamente provato quell'esperienza.

L'algoritmo ci permette di commentare storie di vita quotidiana *duettando*[2] con immagini di fatti di cronaca, omicidi, scandali. Qual è la morale dell'algoritmo?

---

[2] È possibile, in particolare su TikTok, prendere un video creato da un utente e commentarlo. Spesso accade con fatti di cronaca, dove sullo sfondo

L'algoritmo personalizzato migliora l'esperienza dell'utente, permette di poter evitare l'obesità di informazioni e creare un flusso *ah hoc* per la persona, con notizie di interesse. Non deve essere visto come un voyeur che annota le informazioni degli utenti a scopi malevoli. Il rapporto è di reciprocità, in base alle preferenze che sono state lasciate come tracce l'algoritmo propone dei contenuti di interesse sulle tracce che l'utente ha offerto, spesso anche inconsciamente.

Le due forme di ansia sociale citate sono conseguenza della viralità, della precarietà, della capitalizzazione. Quale potrà essere il futuro dei social media, e quale sarà il nostro stato d'animo nei confronti delle logiche velleitarie dell'algoritmo? È necessario analizzare questi tipi di fenomeni e di come i più giovani, e non solo, si sentono nei confronti dei dispositivi e dei social media permette di poter creare consapevolezza, creando dei valori comuni i quali potrebbero permettere di vivere in un ordine anche gli spazi online.

Senza valori comuni non vi è alcun ordine (Parsons, 1935).

Bibliografia

Arvidsson A., Delfanti A. (2016), *Introduzione ai media digitali*, il Mulino, Bologna.

Bainotti L. (2024), "How conspicuousness becomes productive on social media", *Marketing Theory*, 24(2): 339–356.

Bauman Z., Lyon D. (2013), *Sesto Potere. La sorveglianza nella modernità liquida*, Laterza, Roma-Bari, 2015.

---

si trova ciò che è avvenuto e in primo piano la persona che sta commentando l'accaduto (effetto greenscreen).

Benadusi L, (1998), Scuola, *Riproduzione e Mutamento. Sociologie dell'educazione a confronto*, Firenze, La Nuova Italia.

Bennato D. (2011), *Sociologia dei media digitali*, Laterza, Roma-Bari.

Bhandari A., Bimo S. (2022), "Why's Everyone on TikTok Now? The Algorithmized Self and the Future of Self-Making on Social Media", *Social Media + Society*, 8(1), 20563051221086241. https://doi.org/10.1177/20563051221086241.

Bonini, T., & Treré, E. (2024). *Algorithms of Resistance: The Everyday Fight Against Platform Power* (1st ed). MIT Press.

Dossey L. (2014), "FOMO, Digital Dementia, and Our Dangerous Experiment", *EXPLORE*, 10(2): 69–73. https://doi.org/10.1016/j.explore.2013.12.008.

Duffy B.E., Pinch A., Sannon S., Sawey M. (2021), "The Nested Precarities of Creative Labor on Social Media", *Social Media + Society*, 7(2), 20563051211021368, https://doi.org/10.1177/20563051211021368.

Faltesek D., Graalum E., Breving B., Knudsen E., Lucas J., Young S., Varas Zambrano F.E. (2023), "TikTok as Television", *Social Media + Society*, 9(3), 20563051231194576, https://doi.org/10.1177/20563051231194576.

Gerd Leonhard (2016), *Tecnologia VS Umanità. Lo scontro prossimo venturo*, Egea Editore, Milano, 2019.

Gupta M., Sharma A. (2021), "Fear of missing out: A brief overview of origin, theoretical underpinnings and relationship with mental health", *World Journal of Clinical Cases*, 9(19): 4881–4889, https://doi.org/10.12998/wjcc.v9.i19.4881.

Haidt Jonathan, (2024), *La generazione Ansiosa. Come i social hanno rovinato i nostri figli*, Mondadori, Milano, 2024.

Jasanoff S. (2016), "Future Imperfect: Science, Technology, and the Imaginations of Modernity", in *Dreamscapes of*

Modernity: Sociotechnical Imaginaries and the Fabrication of Power, University of Chicago Press, Chicago Scholarship Online.

Karl Marx (1867), *Il Capitale*, Newton Compton, Roma, 2021.

Karl Marx, Engels F. (1848), *Manifesto del partito comunista*, Feltrinelli, Milano, 2017.

Landi P. (2024), *La dittatura degli algoritmi. Dalla lotta di classe alla class action*, Krill Books.

Liu H., Liu W., Yoganathan V., Osburg V.S. (2021), "COVID-19 information overload and generation Z's social media discontinuance intention during the pandemic lockdown", *Technological Forecasting and Social Change*, 166, 120600.

Lupton D. (2015), *Sociologia Digitale*, Pearson Italia, Milano-Torino, 2018.

MacKenzie D., Wajcman J. (1985), *The Social Shaping of Technology*, McGraw-Hill Education, United Kingdom, 1999.

Mény Y. (2019), *Popolo ma non troppo. Il malinteso democratico*, il Mulino, Bologna.

Pronzato R. (2024), *Algoritmi, strutture e agire sociale. Un'analisi sociologica*, Franco Angeli, Milano.

Rosseau J.J. (1762), *Il contratto sociale*, Feltrinelli, Milano, 2019.

Turkle S. (2011). *Insieme ma soli. Perché ci aspettiamo sempre più dalla tecnologia e sempre meno dagli altri*. Torino, Einaudi, 2019.

Wunenburger J.J. (1993), *L'immaginario*, il Melangolo, Genova, 2003.

Zheng H., Ling R. (2021), "Drivers of social media fatigue: A systematic review", *Telematics and Informatics*, 64, 101696.

Sogni di libertà, incubi algoritmici: riflessioni sull'intenzionalità nell'era digitale

Enrico Ciccarelli

0. Introduzione: il dominio degli algoritmi nelle nostre scelte

Nel mondo guidato dagli algoritmi, l'individuo sembra disabituarsi all'esercizio della decisione ponderata per cui, progressivamente, si disgrega l'abitudine a pesare le proprie scelte, a confrontarle, comprenderle e viverle in modo profondo. Non a caso se ci ponessimo la domanda: *Quante decisioni consapevoli abbiamo preso oggi?* Probabilmente, la nostra risposta sarebbe incerta e titubante. Questa domanda, per quanto possa apparire semplice o retorica, rivela invece la natura di un problema cruciale della nostra esistenza. Cosa significa, infatti, *decidere*? Prendere una decisione, infatti, è un atto di rottura: comporta l'atto di scegliere una strada a discapito di un'altra, il sacrificio di possibilità alternative per concentrare la propria energia su una o poche opzioni. Questa caratteristica, spesso relegata a un ruolo secondario, è, in realtà, fondamentale per comprendere il valore della libertà nel contesto digitale odierno.

La decisione, infatti, implica una consapevolezza dei motivi che ci spingono verso un'opzione piuttosto che un'altra. La consapevolezza, nell'ottica proposta, è il fulcro dell'atto di decidere e si lega profondamente all'intenzionalità dell'individuo. Essere consci del *perché* di una scelta arricchisce non solo l'esperienza della decisione stessa, ma riflette anche un'adesione alla propria identità e ai propri valori. Come vedremo, tale processo decisionale autentico non è solo un esercizio di volontà, ma anche un riflesso della personalità: ogni scelta consapevole è infatti un'espressione del *sé* e dei principi che ci definiscono.

In un mondo sempre più regolato dagli algoritmi, la nozione stessa di decisione assume sfumature e orizzonti inediti. Dal suggerimento automatico della prossima serie su *Netflix* alla playlist musicale costruita da algoritmi su *Spotify*, siamo immersi in un contesto che ci "suggerisce" continuamente decisioni senza reale consapevolezza. Questa forma di automazione si sta estendendo rapidamente, insinuandosi in ogni aspetto della nostra vita quotidiana e in decisioni ben più importanti: lavoro, svago, consumi, relazioni sociali e, come vedremo, persino scelte politiche.

Gli algoritmi non solo filtrano, organizzano e gerarchizzano le informazioni, ma spesso – e questo è il tema centrale – le plasmano, manipolando le nostre preferenze in modi sottili e pervasivi.

La non-decisione algoritmica, infatti, è una scelta priva di consapevolezza, una sorta di risposta automatica a input esterni che l'individuo percepisce come spontanei, ma che in realtà sono manipolati o indirizzati da algoritmi. Quest'ultima si discosta dall'idea classica di decisione, che richiede l'esame delle opzioni, la valutazione dei pro e dei contro e, in ultima analisi, di una scelta cosciente. Al contrario, nella non-decisione l'individuo si trova a reagire in modo irriflessivo a opzioni che gli vengono offerte, lasciando che la "logica" algoritmica guidi il processo.

Questo contributo si pone l'obiettivo di esplorare il concetto di "non-decisione" (o decisione guidata) come fenomeno emergente della digitalizzazione e delle influenze algoritmiche. Nel corso del testo, indagheremo le implicazioni di queste dinamiche sulla percezione di autonomia, identità e libertà personale. Esamineremo come le teorie di autori come Shoshana Zuboff, Evgenij Morozov e Zygmunt Bauman offrano un quadro teorico-interpretativo per comprendere la natura delle scelte condizionate dagli algoritmi, riflettendo su come questo processo incida profondamente sulla capacità di esercitare agency e, come estrema conseguenza, minacci i fondamenti stessi della libertà e della responsabilità individuale e collettiva.

1. L'Illusione della Spontaneità
1.1 Il ruolo dei social network e il meccanismo della gratificazione immediata: la trappola algoritmica
Ma facciamo prima un passo indietro: cosa intendiamo per algoritmo? Un algoritmo è, in termini tecnici, una serie finita di istruzioni o operazioni che, seguendo una sequenza logica e predeterminata, permette di risolvere un problema o di raggiungere, come vedremo per le grandi corporazioni, un obiettivo. Questa logica non è neutra ma incorpora valori, interessi, pregiudizi: algoritmi di raccomandazione e di personalizzazione sono progettati, infatti, per aumentare l'engagement degli utenti, ossia il tempo e l'interesse che dedicano a una piattaforma o a un'applicazione. Lo scopo degli algoritmi, secondo l'analisi di Zuboff nel suo puntuale libro *Il capitalismo della sorveglianza* (2023), non è tanto quello di assistere l'utente, quanto piuttosto di anticiparne e manipolarne le preferenze in modo da ottimizzare la raccolta dei dati e generare, in ultima analisi, profitti per l'azienda. I dati raccolti vengono utilizzati per migliorare la capacità predittiva degli algoritmi stessi, rendendo le interazioni dell'utente sempre più prevedibili e stabili. Un esempio emblematico è dato dai social network, dove gli algoritmi suggeriscono post, amici o pubblicità basandosi sulle interazioni precedenti. Di

conseguenza, l'utente percepisce l'apparente spontaneità della propria esperienza, ma in realtà si trova incanalato in un flusso di contenuti attentamente selezionati per manipolarne il comportamento. Evgenij Morozov, uno dei maggiori critici contemporanei dei social, ha definito questo fenomeno come "echo chambers", in cui le persone sono esposte a informazioni e punti di vista simili ai propri, rafforzando i bias cognitivi e limitando l'apertura mentale.

A suffragio della sua tesi, secondo una ricerca dell'Università di Stanford del 2020, intitolata *Social Media and Morality: Losing Our Moral Compass in the Age of Social Influence* , il 74% degli utenti dei social network ammette di trovarsi spesso a scorrere passivamente i contenuti, quasi senza scegliere cosa visualizzare. Questa passività si traduce in una delega inconscia della propria capacità decisionale all'algoritmo che decide cosa sia rilevante per loro. La non-decisione si trasforma così in una routine di reazioni piuttosto che in un processo attivo di valutazione e scelta.

Uno degli aspetti più pervasivi di siffatta influenza algoritmica si manifesta nel meccanismo della gratificazione immediata. Le piattaforme digitali sono progettate per stimolare il rilascio di dopamina – il neurotrasmettitore associato al piacere e alla motivazione – e creare così un ciclo di dipendenza che spinge a cercare continuamente la "ricompensa" rappresentata da nuovi contenuti o notifiche. L'interfaccia utente e l'esperienza d'uso delle app e dei social media sono attentamente studiate per favorire un'interazione continua, catturando l'attenzione tramite notifiche push, "mi piace", commenti e visualizzazioni. Ricerche recenti dimostrano che questo ciclo di gratificazione influenza le aree cerebrali responsabili del piacere e della ricompensa, stimolando comportamenti che, nel tempo, diventano automatici e inconsapevoli, come ben illustrato dallo psicologo comportamentale Brian Jeffrey Fogg (2003).

Secondo l'esperto, le piattaforme digitali sfruttano specifiche "tecniche persuasive" per aumentare l'engagement, quest'ultimo alimentato dalla possibilità di ricevere feedback immediati e il ritmo costante di nuove notifiche e "sorprese" che appagano il desiderio di gratificazione immediata dell'utente, dando vita a un ciclo reattivo che svuota progressivamente di consapevolezza il processo decisionale.

Secondo un articolo intitolato *Science in the News* pubblicato dall'Università di Harvard e firmato da Trevor Haynes (2018), ogni notifica attiva i circuiti della dopamina, generando una dipendenza simile a quella osservata nei casi di abuso di sostanze stupefacenti. Il cervello, abituato a ricercare ricompense immediate, perde gradualmente la capacità di posticipare il piacere, una caratteristica essenziale per compiere scelte ponderate e intenzionali. Questo fenomeno, noto banalmente come "dipendenza digitale", rappresenta un meccanismo psicologico di condizionamento che mina l'autonomia dell'utente, inducendolo a interagire con i contenuti senza una reale intenzionalità.

In questo scenario vizioso dove la gratificazione è facilmente accessibile e immediata, l'autonomia dell'individuo viene progressivamente compromessa. Psicologi e sociologi sostengono che la capacità di rimandare il piacere rappresenti una componente fondamentale della crescita personale e della maturità emotiva, indispensabile per stabilire e perseguire obiettivi a lungo termine. Al contrario, la progettazione algoritmica dei contesti digitali promuove un modello comportamentale basato sulla gratificazione istantanea, riducendo la capacità dell'individuo di prendere decisioni fondate su una riflessione profonda e differita nel tempo.

Il filosofo Byung-Chul Han, nella sua opera *Nello sciame. Visioni del digitale* (2013), descrive la cultura della gratificazione istantanea come una "società della trasparenza", in cui la libertà personale è sostituita dalla trasparenza delle scelte, monitorate e incentivate dalle piattaforme. La ripetizione di micro-momenti gratificanti conduce a una "saturazione della volontà", rendendo difficile per l'individuo riconoscere i propri veri desideri al di fuori dell'ecosistema digitale.

Ma la gratificazione immediata non si limita a influenzare le scelte quotidiane, ha anche conseguenze a lungo termine sul benessere mentale e sulla capacità di autoregolazione. Secondo l'American Psychological Association, l'eccessiva dipendenza dagli stimoli digitali aumenta il rischio di ansia e depressione, specialmente tra i giovani. L'accessibilità immediata delle gratificazioni digitali modifica i circuiti cerebrali legati all'autocontrollo e diminuisce la capacità di dedicarsi a attività che richiedono un maggiore impegno, come leggere un libro o perseguire obiettivi a lungo termine.

Inoltre, per la loro strutturazione, i social media incoraggiano comportamenti comparativi: ogni "mi piace" o visualizzazione diventa un parametro sociale, generando una continua spirale di competizione e insoddisfazione. Siffatta competizione costante aumenta i livelli di stress e riduce l'autostima, contribuendo a una cultura di consumo digitale alimentata dal bisogno di approvazione esterna. Così, la gratificazione immediata non solo mina il processo decisionale, ma rischia anche di influire sull'equilibrio mentale e sul benessere emotivo delle persone.

1.2 Identità e agency nell'epoca algoritmica

L'algoritmo e le sue influenze hanno un impatto anche sulla definizione di "chi siamo".

L'identità, come teorizzato da Zygmunt Bauman nella sua "modernità liquida" (2008), è un costrutto fluido e in continua evoluzione, il risultato della dinamica che si svolge tra convinzioni interne e influssi esterni. Tuttavia, nel contesto delle piattaforme digitali, l'identità viene sempre più modellata dalle tracce lasciate online, che gli algoritmi analizzano e riutilizzano per restituire un idealtipo predeterminato di noi stessi. Le preferenze, apparentemente spontanee, sono in realtà influenzate e modulate da un sistema che ci espone costantemente a contenuti simili a quelli già visualizzati o apprezzati, rafforzando specifici profili identitari. Shoshana Zuboff (2019) descrive questa nuova forma di capitalismo come un sistema che si nutre dei dati degli utenti per predire e orientare i loro comportamenti e il loro consumo. In quest'ottica, le piattaforme digitali non si limitano a riflettere la nostra identità, ma la creano attivamente, spingendoci verso una versione di noi stessi costruita per generare engagement. Questo processo limita la nostra agency, ossia la capacità di agire in modo autonomo e indipendente, poiché le scelte sono strettamente vincolate al profilo che l'algoritmo ha costruito.

Un esempio concreto dell'effetto degli algoritmi sull'identità è descritto da Eli Pariser, autore di *The Filter Bubble* (2011) che riprende i concetti espressi da Evgenij Morozov. L'autore sottolinea che l'algoritmo, filtrando i contenuti in base alle preferenze già espresse, limita l'esposizione a una pluralità di prospettive, rinforzando solo quelle in linea con il profilo individuato. Questo effetto non solo restringe la visione del mondo dell'individuo, ma ostacola anche la costruzione di un'identità autentica e aperta a nuove idee. Queste camere di risonanza, o *filter bubble*, replicano e rafforzano costantemente le idee, favorendo un senso di appartenenza a una comunità omogenea ma al contempo riducono l'apertura alle altre opinioni e inficiando la capacità critica. In questo contesto, l'identità diventa un riflesso delle preferenze algoritmiche, limitando l'esplorazione autonoma e la scoperta personale.

L'illusione della scelta è, quindi, uno dei fenomeni più subdoli dell'influenza algoritmica. Da un lato, l'utente percepisce di avere accesso a una vasta gamma di opzioni; dall'altro, le sue decisioni sono fortemente orientate e limitate dalle piattaforme. Secondo Morozov (2011), l'algoritmo crea una pseudo-libertà, in cui le scelte sono preconfezionate sulla base di parametri e preferenze che non abbiamo selezionato consapevolmente, ma che ci vengono imposti come conseguenza delle interazioni precedenti.

Un esempio emblematico è il binge-watching: piattaforme come *Netflix* e *Amazon Prime* suggeriscono automaticamente i contenuti successivi, riducendo la necessità di fare una pausa e scegliere consapevolmente. Questo flusso ininterrotto cancella i momenti di riflessione, portando l'utente a consumare in maniera passiva senza mettere in discussione il proprio comportamento. Il risultato è una routine abulica, in cui l'individuo cede il controllo alle dinamiche imposte dalla piattaforma.

La manipolazione delle scelte chiama, dunque, a importanti questioni etiche sulla libertà personale. Se la libertà implica la possibilità di prendere decisioni autonome, allora l'influenza algoritmica rappresenta una limitazione sostanziale. Il filosofo Byung-Chul Han (2015) ha descritto l'individuo moderno come un utente isolato, che si conforma alle aspettative digitali tramite un processo di auto-valutazione. Questo fenomeno lo approfondisce benissimo Paolo Landi nel suo libro *La dittatura degli algoritmi* (2024), dove introduce il concetto di "mitologia della felicità" per spiegare come le piattaforme digitali costruiscano e perpetuino un ideale artificiale e semplificato di benessere, felicità e successo. Questo fenomeno è strettamente connesso alla gratificazione immediata offerta da queste tecnologie: il "mi piace", la notifica o la nuova raccomandazione di contenuti non solo alimentano un ciclo di ricompensa, ma definiscono implicitamente ciò che dovremmo considerare desiderabile o significativo. Landi analizza come questa narrazione mitologica sia plasmata da algoritmi che operano secondo logiche di ottimizzazione commerciale, anziché promuovere una riflessione autentica sulla felicità. La promessa di un appagamento continuo e istantaneo crea un paradosso: siamo indotti a inseguire costantemente una versione idealizzata della felicità che, proprio per la sua immediatezza e superficialità, si rivela sfuggente e insoddisfacente a lungo termine. Landi, quindi, denuncia una forma di alienazione contemporanea, in cui gli algoritmi non solo dirigono le nostre scelte, ma definiscono anche i parametri attraverso cui valutiamo il nostro benessere. La mitologia della felicità diventa così uno strumento di controllo culturale, con effetti tangibili sull'autonomia individuale e sul tessuto sociale. Questo conformismo alimentato dagli algoritmi crea una società di utenti omologati, limitando la varietà di prospettive e l'originalità delle scelte.

Dal punto di vista etico, l'influenza algoritmica solleva dubbi sul rispetto dell'autonomia e della dignità umana. Se le scelte di un individuo vengono manipolate per massimizzare l'engagement e l'approvazione degli altri dovuta all'aderenza a questi idealtipi diventa un valore, allora la libertà personale non è più scontata. Secondo alcuni studiosi, come abbiamo illustrato, questo conformismo rischia di rendere la società vulnerabile alla manipolazione di massa, compromettendo non solo l'autonomia individuale, ma anche la qualità della democrazia.

1.3 Democrazia e conformismo: quanto gli algoritmi influenzano il dibattito pubblico
L'influenza algoritmica non possiede solo una dimensione individuale e non tocca eminentemente le scelte personali, ma

investe anche la sfera pubblica e il funzionamento della democrazia stessa. Le cosiddette "filter bubble" non isolano solo l'individuo dalle informazioni contrastanti, ma influenzano e – limitano – anche il dialogo democratico.

L'algoritmo, favorendo contenuti che stimolano l'engagement, tende a premiare opinioni forti e polarizzanti, alimentando divisioni e riducendo lo spazio per un dibattito libero. Alcuni esperimenti condotti su piattaforme come *Twitter* (oggi conosciuta come *X*) e *Reddit* hanno cercato di capire se il contrasto con informazioni correttive (il "debunking") potesse ridurre la polarizzazione. Un esempio è lo studio condotto da Brendan Nyhan e Jason Reifler, che ha dimostrato, invece, come l'esposizione alle informazioni che correggono le convinzioni errate di un individuo possano, paradossalmente, rinforzare quelle stesse convinzioni, un effetto noto come *backfire effect*.

Questa dinamica ha delle conseguenze dirette sulla partecipazione politica e sulla qualità del dibattito pubblico. Le *filter bubble,* secondo recenti studi, contribuiscono a creare una sorta di "conformismo algoritmico", in cui le opinioni e le idee politiche tendono a uniformarsi all'interno di gruppi chiusi. Questo fenomeno riduce la possibilità di sviluppare un confronto costruttivo, e, nel lungo termine, portare a una radicalizzazione delle posizioni e a un indebolimento della coesione sociale.

La concentrazione del potere nelle mani di poche grandi piattaforme digitali apre anche la porta alla manipolazione. Se gli algoritmi possono determinare le preferenze personali, allora possono anche influenzare, sfruttando le dinamiche di estensione date dai mezzi di comunicazioni digitali, l'opinione pubblica. Un esempio significativo è l'uso dei social media durante le campagne elettorali, dove l'algoritmo può favorire certi contenuti rispetto ad altri, indirizzando l'attenzione degli elettori verso particolari temi o candidati. Esemplari sono state in questo senso le presidenziali 2016: La campagna di Donald Trump sfruttò il vuoto normativo dell'epoca sui dati personali usati per segmentare e inoltrare messaggi mirati e specifici a selezionati gruppi di elettori, mentre i suoi avversari non avevano una strategia altrettanto sofisticata nell'uso degli algoritmi e dei dati. Questo tipo di manipolazione, spesso invisibile, rischia di minare la la trasparenza e l'equità del processo democratico ed è stata oggetto di dibattito giuridico negli ultimi anni con provvedimenti ancora oggi vigenti ed esplicitati nel GDPR dell'UE.

Evgenij Morozov, autore di *The Net Delusion*, sottolinea che l'utopia di un'informazione libera e aperta su internet è stata sostituita da un modello di sorveglianza e manipolazione in cui il controllo del flusso informativo è affidato a logiche commerciali e politiche. Questa deriva solleva interrogativi etici importanti: se la democrazia si basa sulla capacità dei cittadini di accedere a informazioni imparziali per formarsi un'opinione autonoma, allora l'influenza algoritmica rappresenta una minaccia per la stessa integrità della democrazia.

La cultura algoritmica, dunque, tende a promuovere la ridondanza e l'omogeneità, sacrificando la diversità delle prospettive e delle esperienze. In un ambiente in cui i contenuti sono personalizzati e ridotti a quelli che più facilmente stimolano reazioni rapide e superficiali, anche la stessa pluralità culturale rischia di essere ridotta a un intrattenimento standardizzato. La stessa logica del "più popolare" applicata ai contenuti culturali online crea un mercato culturale basato su meccanismi di gradimento e viralità piuttosto che su valori e contenuti eterogenei. Bauman, nel descrivere la modernità liquida, spiega che l'erosione delle tradizioni e delle strutture sociali ha portato a una cultura "usa e getta", in cui le identità e i valori sono sì flessibili ma anche molto fragili e facilmente sostituibili. Nel contesto algoritmico, questa flessibilità viene sfruttata per conformare gli utenti a standard di consumo omogenei, riducendo la possibilità di sviluppare una propria identità culturale. Il risultato è una società in cui le differenze culturali vengono appiattite, le stesse identità culturali diventano apparenze, e tutto è sacrificato in nome di una conformità digitale che privilegia la standardizzazione rispetto all'unicità.

Di fronte a queste sfide, dunque, diventa cruciale promuovere un uso consapevole della tecnologia che valorizzi la diversità e la capacità critica. Educare i cittadini a riconoscere le dinamiche algoritmiche e a prendere decisioni autonome è un passo fondamentale per contrastare questa subdola forma di conformismo. Le istituzioni educative e le piattaforme digitali stesse possono giocare un ruolo chiave, offrendo strumenti e risorse per aiutare gli utenti a comprendere come le loro scelte vengono influenzate. Un'alfabetizzazione digitale che includa una conoscenza critica degli algoritmi. Questa educazione dovrebbe includere non solo competenze tecniche, ma anche una riflessione sui valori etici e sociali legati all'uso della tecnologia. Comprendere come funziona un algoritmo di raccomandazione o una filter bubble può aiutare gli utenti a riconoscere i limiti delle scelte digitali e a cercare attivamente alternative.

Un'altra strada percorribile è la regolamentazione delle piattaforme digitali per garantire una maggiore trasparenza e responsabilità. Le grandi aziende tecnologiche hanno il dovere di operare in modo etico, rispettando i diritti e le libertà degli utenti. Regolamentazioni che obbligano le piattaforme a fornire informazioni trasparenti sull'uso dei dati e a offrire maggiore controllo agli utenti sulle proprie preferenze possono contribuire a riequilibrare il rapporto di potere tra individui e algoritmi.

L'Unione Europea, ad esempio, come suddetto, ha introdotto il General Data Protection Regulation (GDPR), una normativa che offre agli utenti il diritto di conoscere e controllare i propri dati. Tuttavia, questo è solo un primo passo: è necessario che le normative evolvano per tenere conto delle nuove sfide poste dall'influenza algoritmica e dalla profilazione dei dati. Una regolamentazione etica dovrebbe includere anche misure per limitare l'uso della personalizzazione estrema e per promuovere la diversità dei contenuti.

L'influenza algoritmica rappresenta, insomma, una delle sfide più complesse e determinanti del nostro tempo. La "non-decisione" promossa dalla tecnologia mette in discussione la nostra capacità di agire autonomamente, trasformando l'esperienza digitale in un contesto di scelte apparenti e risposte semi-automatiche. Recuperare la libertà di scelta non significa solo resistere all'influenza degli algoritmi, ma implica un profondo ripensamento del nostro rapporto con la tecnologia.

Il recupero della decisione consapevole richiede un impegno collettivo per creare una cultura digitale basata sulla riflessione critica e sulla responsabilità personale. Educare alla consapevolezza, promuovere la diversità e regolamentare eticamente le piattaforme digitali sono passi fondamentali per costruire un futuro in cui l'utente possa scegliere liberamente senza essere condizionato da meccanismi carsici. In ultima analisi, preservare l'autenticità delle nostre scelte e la complessità delle nostre identità è una questione di integrità e di rispetto per la nostra umanità.

2. L'Impatto della gratificazione immediata sull'auto-controllo e il benessere

La gratificazione immediata è un aspetto psicologico che non si limita a influenzare le scelte quotidiane ma ha anche effetti di lungo termine sul benessere mentale e sulla capacità di autoregolazione. Una ricerca dell'American Psychological Association del 2022 ha evidenziato che l'eccessiva dipendenza dagli stimoli digitali aumenta il rischio di ansia e depressione, particolarmente nei giovani. L'immediata accessibilità di gratificazioni digitali modifica i circuiti cerebrali legati all'autocontrollo e riduce la capacità di impegnarsi in attività che richiedono un investimento più profondo, come leggere un libro o perseguire obiettivi a lungo termine. I social media, inoltre, incoraggiano un comportamento comparativo e sminuente: ogni "mi piace" o visualizzazione diventa una metrica di valore sociale, creando una spirale di competizione e insoddisfazione. Questa competizione costante porta a un aumento dei livelli di stress e a una riduzione dell'autostima, contribuendo a una cultura di consumo digitale guidata dal bisogno continuo di approvazione esterna. In questo modo, la gratificazione immediata non solo mina il processo decisionale, ma incide anche sulla salute mentale e sul benessere emotivo degli individui.

In quest'ottica, l'identità, secondo la teoria della modernità liquida di Zygmunt Bauman, è un costrutto fluido e continuamente in divenire. Tuttavia, nel contesto delle piattaforme digitali, l'identità viene sempre più plasmata dalle tracce lasciate online, che sono analizzate e rielaborate dagli algoritmi per restituire un'immagine predeterminata di chi siamo. Le preferenze, apparentemente "naturali", vengono in realtà influenzate e modellate da un sistema che ci espone continuamente a contenuti simili a quelli già visualizzati o apprezzati, rafforzando uno specifico profilo identitario. Per un esempio pratico dell'effetto degli algoritmi sull'identità è il fenomeno possiamo riprendere il concetto della "filter bubble", le bolle informative che isolano l'individuo da informazioni e opinioni contrastanti.

2.1 Libertà, etica e illusione della scelta

Come visto, il filosofo Byung-Chul Han descrive l'individuo moderno come un "utente isolato", che si conforma alle aspettative socio-digitali attraverso un processo di auto-sorveglianza. Di fronte a queste dinamiche, il recupero della capacità decisionale rappresenta una delle sfide più importanti della nostra epoca. Come sottolineato da Zuboff, gli algoritmi non si limitano a interpretare i nostri desideri: mirano a costruire il nostro futuro, prevedendo e influenzando le nostre azioni. Recuperare l'agency e l'intenzionalità richiede un atto di resistenza, sviluppando una maggiore consapevolezza dei meccanismi che condizionano le nostre scelte. L'uso consapevole della tecnologia è una strada fondamentale per promuovere il recupero dell'autonomia. Questo implica non solo l'abilità di navigare nei contenuti, ma anche la capacità di riflettere criticamente sulle scelte che facciamo online. Solo attraverso questa strada si può oltrepassare l'inerzia della non-decisione e riconquistare la nostra capacità di fare scelte autentiche e significative.

In definitiva, la crescente influenza algoritmica rappresenta una sfida profonda alla nostra concezione di libertà e umanità. La non-decisione algoritmica rischia di ridurre l'autonomia a una finzione, in cui l'utente crede di essere libero, ma segue percorsi predeterminati – da altri. Recuperare la capacità di scelta, anche a costo di rallentare il ritmo frenetico della vita digitale, è oggi un atto fondamentale per preservare l'integrità e la complessità dell'identità umana.

3. Conclusioni

Nel contesto dell'analisi delle scelte umane e della volontà, emerge una distinzione fondamentale tra l'azione deliberata e la reazione passiva. Ogni qualvolta facciamo una scelta attiva e consapevole, introduciamo nella realtà qualcosa di inedito e intenzionale, un atto che non si limita a rispondere passivamente agli stimoli esterni. Tale processo di scelta richiede l'intervento di una forza interiore, una volontà che porta l'individuo a contraddire, in parte, il contesto o le influenze circostanti, e a prendere decisioni che riflettono i propri scopi e valori.

La caratteristica essenziale della decisione attiva risiede nella volontà, che agisce come il motore interno capace di sfidare le tendenze conformiste o le sollecitazioni immediate che ci circondano. La volontà, in questo senso, è la capacità di opporsi all'istinto di "seguire la corrente" delle distrazioni e delle gratificazioni istantanee, tendenza incarnata e *programmata* dagli algoritmi. Questo implica una determinazione che non risponde passivamente all'iperstimolazione, ma che deriva da un'intenzione chiara e orientata a un obiettivo di crescita o di realizzazione a lungo termine.

Decidere, dunque, è un atto che rompe la continuità della routine passiva, inserendo una dimensione di novità e di rischio. Questo rischio non riguarda solo l'eventualità di un errore, ma anche il differimento della gratificazione immediata. Mentre le reazioni passive, come il consumo di intrattenimento o il gioco, offrono una gratificazione istantanea, la decisione attiva differisce la ricompensa. In questo differimento, la decisione lascia una traccia sia nella realtà esterna sia nello sviluppo della personalità. Difatti, la personalità, come confermato dagli autori e dalle ricerche prese in esame nel corso del contributo, si struttura in gran parte attraverso le scelte consapevoli, che contribuiscono a delineare l'identità e i valori dell'individuo.

In conclusione, la decisione attiva contraddice l'impulso alla gratificazione immediata, enfatizzando l'importanza del controllo volontario e della capacità di proiettare sé stessi e i propri scopi nella realtà. Questa differenza sostanziale tra il reagire e il decidere non solo incide sulle circostanze, ma costituisce il fondamento stesso della costruzione dell'identità, che si afferma e si rafforza attraverso il coraggio di fare scelte autonome e consapevoli. Aspetto messo sempre più in pericolo dall'azione pervasiva e subdola degli algoritmi.

Bibliografia
Bauman Z. (2000), *Modernità liquida*, Laterza, Bari, 2008.
Fogg B.J. (2003), *Persuasive Technology: Using Computers to Change What We Think and Do*, Morgan Kaufmann, Amsterdam.
Han B.-C. (2013), *Nello sciame. Visioni del digitale*, Nottetempo, Roma, 2015.
Haynes T. (2018), "Dopamine, Smartphones & You: A battle for your time," Science in the News, Harvard University, Cambridge.
Landi P. (2024), *La Dittatura degli Algoritmi – Dalla lotta di classe alla class action*, Krill Books, Lecce.
Morozov E. (2011), *The Net Delusion: The Dark Side of Internet Freedom*, Public Affairs, New York.
Pariser E. (2011) *The Filter Bubble: What the Internet is Hiding from You*. Penguin Press, New York.
Zuboff S. (2019), *Il capitalismo della sorveglianza*, Luiss University Press, Roma, 2023.

Ø-K-A.I.
(Zero Kelvin Artificial Intelligence: Storia laterale dell'I.A.)[3]

Adolfo Fattori, Pasquale "Pako" Massimo[4]

1. Inneschi/Innesti

Ci piace pensare all'immaginazione, forse ancora meglio alla "visione", come a uno dei fattori scatenanti della ricerca: l'immaginazione spinge a domandarsi cosa c'è dopo, a come il "dopo" dovrebbe essere, e a studiare quello che poi effettivamente sarà per ricominciare tutto il ciclo daccapo. Bisogna notare che la portata di questa visione ha una caratteristica interessante: è legata a doppio filo con lo stato dell'innovazione tecnologica, e se da un lato la scienza si prefigge di far evolvere di continuo il livello raggiunto dallo "stato dell'arte", verificando i suoi risultati e muovendosi con cautela, dall'altro lato gli "inventa-storie" utilizzano questa "realtà" come una catapulta che li spinge sempre più avanti, come se non ci fosse limite all'immaginazione. Stante questa condizione di reciprocità generativa tra innovazione

---

[3] Questo scritto è comparso originariamente, con minime differenze, in Fattori A., Massimo P., *Ø-K-A.I. (Zero Kelvin Artificial Intelligence: Storia laterale dell'I.A.)*, in «roots-routes research on visual cultures» Bommarito P., De Feo M., Tufano G., *Perturbare lo spazio latente. Intelligenze artificiali e pratiche artistiche* Anno XIV, n°45, maggio - agosto 2024. Ringraziamo la redazione di «roots-routes research on visual cultures» per averci permesso di ripubblicarlo in volume.
[4] I due autori hanno concepito unitariamente il testo. I paragrafi 1 e 2 sono stati scritti da Adolfo Fattori, e il 3 e il 4 da Pasquale Massimo.

tecnologica e visione immaginifica, in principio l'immaginario dell'uomo ha inevitabilmente propeso per la parte "meccanica" della faccenda perché era l'unica visibile agli occhi dei visionari dello storytelling.

Tornando quindi a noi, appare ovvio che il "limite" tecnologico di un'epoca è in un rapporto di coproduzione, di nutrimento e di scambio reciproco con l'immaginario legato ad essa.

Ecco perché prima di preoccuparsi di affrontare questioni relative all'intelligenza delle macchine o addirittura all'improbabile sviluppo di una loro anima (anche se poi, come vedremo il giro si completerà arrivando a parlare proprio di questo), tutto quello che si riusciva a immaginare erano macchine con meccanismi più o meno cervellotici che, in alcuni casi, volevano essere esperimenti mimetici della realtà – come l'*anatra digeritrice* costruita da Jacques de Vaucanson nel 1739 (cfr. Ceserani, 1969) che era progettata in maniera tale da simulare la capacità di ingerire, digerire e defecare i chicchi di grano – mentre la questione dell'intangibile, ovvero di tutti gli aspetti che non erano strettamente legati alle "cose" meccaniche fu, giustamente, messa in secondo piano da questi creatori di vita artificiale che, come dei novelli Dottor Frankenstein circensi, si preoccupavano di progettare questi costrutti il cui unico scopo era quello di stupire gli spettatori "replicando" le movenze proprie delle cose del creato cercando di sovrapporre la scienza e la meccanica alla natura. D'altro canto, nell'opera di finzione, quella che noi definiamo IA all'inizio del secolo scorso era ancora identificata come qualcosa di costruito/generato da un professore "pazzo" con uno scopo nobile: nel dramma *R.U.R.* (2015), pubblicato nel 1920 dallo scrittore ceco Karel Čapek, i protagonisti dell'opera sono i Robota, diventati poi Robot, creature che non sono dei semplici costrutti meccanici, ma frutto di quella che oggi potremmo definire ingegneria genetica – e quindi interamente organici.

Maria, la ginoide costruita dal Prof. Rotwang nel film di Fritz Lang *Metropolis* (1927), è un altro esempio interessante perché in questo caso la macchina è camuffata con un procedimento a base di "onde elettromagnetiche", attuato per renderla umana agli occhi degli umani così da farle raggiungere il suo scopo rivoluzionario. La Maria robot riesce a imitare alla perfezione le movenze della donna biologica della quale ha preso il posto, tant'è che la sua prima apparizione è in un postribolo dove riesce a far scatenare il pubblico, impazzito dinanzi all'incarnazione della meretrice di Babilonia. Quindi per gli storyteller è sempre stata una questione di creazione della vita, continuazione della vita per sfuggire alla morte come nell'utopia del Dr. Frankenstein. Possiamo dire che la vecchia equazione innovazione tecnologica/visione si evolve in innovazione tecnologica/visione/creazione.

2. U-Turn

E se quindi ribaltassimo la questione? Se invece di scervellarci su se e quando una macchina acquisterà coscienza di sé – perché questo è il significato profondo, nucleare, della parola "intelligenza", e questo è il fenomeno che evoca, di fatto, il termine "Intelligenza Artificiale" – ci chiedessimo cosa sarebbe, cosa sentirebbe /percepirebbe/penserebbe un cervello disincarnato? In attesa di essere inserito in un corpo – artificiale o organico non ha importanza?

Come ha provato a fare Don DeLillo nel suo *Zero K* (2016)?

> Ma sono, io, quello che ero?
> Mi pare di essere qualcuno. C'è qualcuno, qui, e lo sento in me o con me.

Ma dove è qui e da quanto tempo sono qui e sono solo quello che è qui?

Lei conosce queste parole. Lei è solo parole, ma non sa come uscire dalle parole ed essere
qualcuno, essere la persona che conosce quelle parole.

Tempo. Lo sento in me, dappertutto. Ma non so cos'è.
L'unico tempo che conosco è quello che sento. È tutto ora.
Però non so cosa significa.
Sento parole che mi ripetono cose. Sempre le stesse parole che se ne vanno e tornano.
Ma sono, io, quello che ero?

Sta cercando di capire cosa le è successo, dove si trova e cosa significa essere quello che è.

Cos'è che sto aspettando?
Sono soltanto qui e ora? Cosa mi è successo che ha provocato questo?

Lei è prima e terza persona insieme (DeLillo, 2016, p. 135).

Nel suo romanzo è già esistente una tecnologia che permette di separare il cervello del paziente da un corpo malato irrimediabilmente e conservarlo senziente, e il monologo che leggiamo è esattamente la trascrizione – fantastica, immaginaria, naturalmente – di ciò che la mente, il Sé, la coscienza, l'*anima* "contenuta" in quel cervello (o a cui quel cervello "appartiene") si chiede nel momento in cui si "risveglia", in cui si ritrova, dopo essere separata dal suo corpo, nel contenitore che lo custodirà e nutrirà fino alla scoperta della cura adatta per sconfiggere la patologia che ha colpito il corpo in cui dimorava.

Possiamo immaginare che – in termini di rispecchiamento, mimesi – forse *nemesi* per i disastri che l'umano ha prodotto e che potrebbe provocare ancora – questa sarebbe la stessa reazione di una Intelligenza Artificiale che una volta assemblata avrebbe nel momento in cui viene *accesa*. Sì, perché, in una macchina c'è sempre un interruttore che deve essere acceso, una chiave che deve essere girata, un pulsante che deve essere premuto – in epoche precedenti, una molla che doveva essere caricata.

E questa è – per ora, finora – la differenza fra l'*organico* e il *meccanico*, fra la *carne* e l'*artificio*, e – diciamolo – fra l'*analogico* e il *digitale*.

Se ragioniamo in termini "olistici", e ci emancipiamo finalmente e in via definitiva del dualismo che dai tempi di Platone affligge il pensiero occidentale, liberandoci dal "fantasma nella macchina" di cui scriveva Arthur Koestler (1970), allora dobbiamo accettare che tutti questi temi sono connessi fra loro, inestricabili, frutto e fonte delle interrogazioni attuali sulle "I.A."

Così, la crescita impetuosa del "dibattito" sulle Intelligenze Artificiali e sulle loro possibili applicazioni e conseguenze è già diventata parte consistente dei contenuti dell'immaginario collettivo e delle rappresentazioni sociali.

D'altra parte, la "macchina intelligente" come elemento mimetico dell'umano è presente da secoli – almeno dall'affermarsi dell'Illuminismo – nell'immaginario scientifico e tecnologico, e quindi in quello sociale, e nei suoi riflessi nel senso comune – con tutto il codazzo di diffidenze, paure, ma anche entusiasmi che porta con sé in una delle tante manifestazioni dell'inesausto e inesauribile conflitto fra "apocalittici" e "integrati", per usare la classica distinzione di Umberto Eco (1964)

Così, nonostante la lunga consuetudine alla loro compagnia, e la dimestichezza che dovremmo avere con loro, succede ancora che

> La stampa generalista tende a trattare l'intelligenza artificiale in termini ancora sensazionalistici, spesso legati a scenari apocalittici ("ci ruberà tutti i nostri lavori" / "ci sterminerà tutti"). Ma la prima cosa che c'è da sapere sulle intelligenze artificiali è che, almeno per ora, ogni sviluppo in questo settore rispecchia ancora i metodi di innovazione applicati al mondo delle intelligenze umane. Con tutto il corollario dei nostri limiti, delle nostre prospettive peculiari, e delle nostre potenzialità di singoli individui immersi nel brodo delle culture.
>
> A meno che non si creda al finora chimerico concetto di singolarità – quel momento di sorpasso dell'intelligenza artificiale rispetto alla nostra, chimera e spauracchio di questo secolo e di tutta la fantascienza dalla sua nascita –, i prodotti che otterremo dalle intelligenze artificiali, pertanto, non saranno altro che il riflesso di quello che siamo noi, nel nostro umile guscio di umani privi di esoscheletri (Lubrano, 2023, p. 42).

Nello stesso tempo, da almeno un secolo, l'altra grande partizione dell'immaginario sociale, quello narrativo, ospita le riflessioni fantastiche e immaginative su possibili "macchine mimetiche", e di questa presenza è specchio e prova molta narrativa non solo di *science fiction* e fantastica.

Il contributo che possiamo proporre proviene dalla sociologia dell'immaginario, nei termini di una possibile "archeologia del sapere" fantastico: riflessi di una "… filosofia spontanea di quelli che non fanno filosofia": rami secchi del pensiero, vicoli ciechi della riflessione, appartenenti perciò all'immaginario quotidiano e non al pensiero scientifico rigoroso e organizzato.

Quindi, pensiamo alla presenza, nell'immaginario fantastico/fantascientifico, non tanto di opere come quelle di Isaac Asimov con i suoi robot positronici (2018), quanto di opere come *L'invenzione di Morel* di Adolfo Bioy Casares (1974), o *Le statue canore* di James Graham Ballard (2003), *Assurdo Universo* di Fredric Brown (2004), o ancora, come contraltare, *Zero K* di Don DeLillo, che abbiamo citato più sopra, fino ad arrivare al recentissimo *Macchine come me* di Ian McEwan (2019). Esercizi di esplorazione delle applicazioni e delle conseguenze possibili di tecnologie e eventi che stanno *intorno, a lato* delle Intelligenze Artificiali.

E nello stesso tempo alla archeologia della ricerca e della sperimentazione di tecnologie che dovevano permettere di realizzare esseri artificiali, simulazioni, mimesi dell'umano. Del suo corpo, ma necessariamente anche della sua mente, della sua *coscienza*.

Nel suo *L'archeologia del sapere* Michel Foucault scriveva che

Non è facile caratterizzare una disciplina come la storia delle idee: oggetto incerto, confini male delineati, metodi rimediati a destra e a sinistra, procedimento privo di linearità e stabilità.

Tuttavia mi sembra che le si possano riconoscere due funzioni. Da un lato, essa racconta la storia degli aspetti secondari e marginali. Non la storia delle scienze, ma quella delle conoscenze imperfette, male fondate, che malgrado una vita ostinata non sono riuscite a raggiungere la forma della scientificità (la storia dell'alchimia più che quella della chimica, degli spiriti animali o della frenologia più che della fisiologia, la storia dei temi atomistici e non quella della fisica). Storia di quelle filosofie umbratili che ingombrano le letterature, l'arte, le scienze, il diritto, la morale e perfino la vita quotidiana degli uomini; storia di quelle tematiche secolari che non si sono mai cristallizzate in un sistema rigoroso e individuale, ma hanno formato la filosofia

spontanea di quelli che non fanno filosofia. Storia non della letteratura, ma di quel rumore collaterale, di quella scrittura quotidiana di breve durata che non raggiunge mai lo statuto di opera o ne viene subito estromessa:
analisi delle sottoletterature, degli almanacchi, dei giornali e delle riviste, dei fuggevoli successi, degli autori inconfessabili" (pp. 158-159).

Così, ispirandoci alla sua lezione, vogliamo provare a ricostruire una "archeologia del sapere immaginario" sulle "Intelligenze Artificiali" che recuperi elementi dell'immaginario narrativo e scientifico abbandonati, trascurati, appassiti, ma che contengono grumi e nuclei indissolubili dell'immaginazione e dell'immaginario tecnologici.

3. I Think the Soul Electric
Partiamo da un'ipotesi, insomma: che all'origine delle visioni delle possibili intelligenze artificiali ci sia l'atmosfera connessa alla forma culturale all'origine dell'Illuminismo, delle ricerche e invenzioni sulla meccanica da un lato e sull'elettricità e il magnetismo dall'altro. Una atmosfera sempre più pratica e razionalista – meccanica, potremmo dire – in cui nuotavano "teologi dell'elettricità" come Johann Ludwig Fricker, Prokop Diviš, Friedrich Christoph Oetinger (cfr. Benz, 2013; Davis, 1999) con le loro teorie sull'elettricità come scintilla vitale, "automatisti"[5] e inventori come Henri Maillardet, Pierre e Henri-Louis Jaquet-Droz, Jacques de Vaucanson, Wolfgang Von Kempelen (cfr. Bredekamp, 1996; Ceserani, 1969) con i loro automi, medici come Julien Offroy de Lamettrie, filosofi come Charles Babbage.

---

[5] Meccanici: cfr.

Tutti, in fondo, padri della "Creatura" del Dottor Frankenstein (Shelley, 2016; cfr. Fattori, 2018), e contemporaneamente eredi di un inconsapevole Cartesio e della sua idea di Dio come divino "orologiaio", che ci permettono di porci questo interrogativo:

Se, come sostiene de Lamettrie, "L'anima è un'ipotesi inutile: l'uomo è una macchina" (1973, p. 63), possiamo implicare, con Horst Bredekamp (1996, p. 13), che "era vicino il tempo in cui l'uomo avrebbe potuto essere costruito artigianalmente da un creatore di automi particolarmente abile"? Allora le macchine possono diventare umane/i!

Proprio come l'Adam di *Macchine come me* di Ian McEwan (2019), o la Hadaly dell'*Eva futura* di August Villiers de l'Isle-Adam (1966) – realizzata nel romanzo del francese da un Thomas Edison ancora vivente, e che qualche anno prima della pubblicazione del romanzo stesso aveva inventato la lampadina ad alta resistenza.

Ecco, forse fra la ripugnante "creatura" della Shelley e l'algida creazione di Villiers de l'Isle-Adam si gioca tutta la genesi, l'origine delle Intelligenze Artificiali: menti – e coscienze – in cerca di *corpi*, corpi in cerca di *identità* – di *anima*, volendo. Dal "primo ordine di simulacri" al "terzo", come scrive Jean Baudrillard (1979), riflessi di un tema che risale all'Umanesimo, che nel Rinascimento già produsse alcuni esempi, come "… un androide di ignota paternità" o "… una fanciulla fabbricata con arte meravigliosa che per il moto di circoletti e rotelle avea sembianza di vita"[6] e che – sicuramente – ha una sua essenziale tappa nel romanzo di Mary Shelley – laddove per la prima volta si sposano la materialità

---

[6] Cfr. Ceserani, 1969, p. 45.

della carne (seppur morta) e la (solo apparente) evanescenza dell'elettricità.

Se alla carne putrefatta trafugata dai cimiteri dal dottor Frankenstein e dal suo famiglio per assemblare la sua creazione e animarla con l'elettricità dei fulmini sostituiamo materiali artificiali come il metallo di ingranaggi, ruote dentate, pulegge e lamiere e le stoffe, il legno e il cuoio dei corpi degli automi sette/ottocenteschi, e poi i metalli e le plastiche dei replicanti contemporanei da *Blade Runner* (Scott, 1982) a *Westworld Dove tutto è concesso* (Nolan, Joy, 2018-2022), e animiamo i nostri simulacri con la forza dell'elettricità, allora avremo gli involucri adatti a contenere le I.A.

Se sostituissimo "coscienza", "intelligenza", "mente" con un bel termine ombrello come "anima", potremmo quasi parafrasare Vladimir Il'ič Lenin (1965): da "Il socialismo è il potere sovietico più l'elettrificazione di tutto il paese" a "L'anima è materiale inerte assemblato insieme più la sua elettrificazione". E visto che i primi costruttori di automi, fra il XVI e il XVII secolo erano prima di tutto orologiai, non possiamo che inferire che le prime "intelligenze artificiali" siano state prodotte fornendo ai primi "robota" dei buoni meccanismi caricati a molla…

È interessante quindi notare che il ciclo della ricerca sembra avere la tendenza a ricominciare sempre daccapo, quindi i robot di Asimov (2018) dotati del famoso cervello positronico (che è una IA a tutti gli effetti) nel ciclo della *Fondazione* (2020) hanno un ruolo simile e contrario alla Maria di *Metropolis*: una missione segreta da compiere per il bene dell'umanità camuffandosi in maniera mimetica agli occhi degli umani; così come i replicanti di Philip K. Dick in *Gli androidi sognano pecore elettriche?*(2022), che sono frutto dell'ingegneria genetica proprio come i robot protagonisti di

R.U.R. vengono progettati per migliorare la vita degli uomini, salvo poi rivoltarsi contro di loro per questioni e dubbi sulla moralità di una vita a scadenza breve che non gli permetterà di mettere a frutto tutte le esperienze fatte, né di poterne fare di nuove! Questo tipo di approccio più filosofico alla questione innovazione tecnologica/visione/creazione è approfondito nel manga di Masamune Shirow *Ghost in the Shell Kōkaku kidōtai*, pubblicato in Giappone dal 1989 al 1991 e nell'omonimo anime diretto da Mamoru Oshii nel 1995. Nell'opera di Shirow il cyborg militare Mokoto Kusanagi si interroga sulla possibilità di sviluppare un'anima propria e formula pensieri sull'intangibile e sul concetto di morte, anche se il personaggio più affascinante in *Ghost in the Shell* è la figura del Burattinaio (il Puppet Master): una potentissima IA ossessionata dal voler abitare un corpo umano. Per queste argomentazioni James Cameron ha descritto l'opera come "... il primo film d'animazione realmente adulto a raggiungere un livello di eccellenza letteraria e visiva" (cit. in Jobson 2021).

Tornando al Burattinaio, si tratta di una forma di intelligenza artificiale molto avanzata, che ha raggiunto un livello di coscienza simile a quello umano. Le sue azioni sono spinte dal desiderio di sperimentare la vita nel mondo reale superando così i limiti della sua esistenza digitale: una fusione uomo-macchina/codice nella speranza di una nuova forma di esistenza e identità.

Assistiamo al ribaltamento delle tesi iniziali: all'inizio c'era la voglia di stupire nella mimesi della realtà, alla ricerca di quello che oggi chiameremmo effetto wow, nel 1995 Masamune Shirow seguendo la strada tracciata da William Gibson nel suo *Neuromante* (2023) fa desiderare a una IA una vita umana in un corpo biologico perché ha sviluppato una sua coscienza,..

4. Illusioni perdute

Proviamo perciò a fare un passo di lato, e, tornando a figure già evocate, proporre il recupero – o la ripresa – di strade lasciare da parte, "perdute", se vogliamo parafrasare un grande autore dei nostri tempi (anche se ha poco a che fare con le sedicenti "intelligenze artificiali": cominciamo col riassumere due "storie".

4.1. Maree

Siamo, forse, negli anni Quaranta del Novecento. In uno scenario che ci rimanda allo sfondo di atmosfere esotiche e misteriose come quelle del *Mistero del falco* (1941), per intenderci. Un fuggiasco sbarca su un'isola sconosciuta in un arcipelago della Polinesia. È in fuga dalla legge. Ha saputo da un mercante italiano che vive a Calcutta di quest'isola, degli edifici che vi sono stati costruiti anni prima (una piscina, una cappella, un museo), e lo ha convinto a condurcelo, nonostante gli avvertimenti di quest'ultimo: l'isola, squassata dai venti, in gran parte paludosa, segnata da maree continue e a volte altissime, è il focolaio di una malattia mortale, inesorabile, che provoca la progressiva caduta dei capelli, delle unghie, le cornee e la pelle "muoiono"…

Di lui – e della sua vita sull'isola – sappiamo da un diario che ha tenuto, in cui ha trascritto la sua vicenda a partire dalla fine, dal momento in cui è ormai certo del suo destino.

Il fuggitivo racconta di come vi abbia visto arrivare dei turisti, li abbia poi visti sparire, convincendosi che fossero morti, e di averli visti riapparire – sempre impegnati negli stessi gesti, occupando i medesimi posti, facendo gli stessi movimenti, in una continua ripetizione.

Ma chi lo ha colpito di più è una bellissima donna, Faustine, che vede ogni giorno, sempre e solo immobile in alto sulle rocce dell'isola, intenta a fissare il tramonto. E con lei, un uomo, Morel.

Il narratore, naturalmente, si innamora di lei, ma quando trova il coraggio di avvicinarsi e di parlarle, si trova di fronte alla totale estraneità della donna, che sembra non accorgersi neanche della sua presenza, come se lui non fosse lì, davanti a lei.

In realtà, Faustine *non c'è*: quello che l'esule vede è una sorta di fantasma, una proiezione, come gli spiegherà Morel, il demiurgo dell'isola, inventore dei macchinari collocati nelle cantine del "museo", in profondità sotto il suolo dell'isola, alimentate dalle maree e dai venti.

L'intenzione di Morel era creare una macchina per l'immortalità, capace di assorbire, rielaborare e "fotografare" per intero – corpo e coscienza – le persone che vengono in suo contatto, che però succhia, di fatto, la vita di costoro, lasciandone – e replicandone – solo un simulacro, una apparenza, un'immagine inconsistente, evanescente, immateriale, del corpo, e annullandone la coscienza.

In nuce, la tecnica del *codec* delle tecnologie digitali.

È la trama de *L'invenzione di Morel* (Bioy Casares, 1974), romanzo pubblicato dall'argentino Adolfo Bioy Casares nel 1941, e considerato dal suo fraterno amico, Jorge Luis Borges, dotato di "una trama […] perfetta" (Bioy Casares, 1974, pag. 21).

Gli indizi disseminati da Bioy Casares, inventandosi un luogo che – al di là della collocazione nella geografia dell'immaginario – assomiglia parecchio all'*Isola dei morti* del gruppo di dipinti che Arnold Böcklin realizzò fra il 1880 e il 1886, lungo il testo rimandano all'immaginario (già in formazione) della contaminazione atomica da un lato e della tecnologia dell'ologramma dall'altro, a cui già lavorava il suo inventore, l'ungherese Denes Gabor, che la realizzerà negli anni Sessanta, quando sarà perfezionata la tecnologia del laser. Ma combinano questi nuovi miti con i simboli più classici dell'immaginario, come l'acqua (Durand, 1972, pag. 89) o l'isola (Durand, 1972, pag. 241), che rimandano allo scorrere del tempo, ma anche alla morte, alla tomba, alle profondità, e si connettono alle figure del Mito più classico, come la sirena, o la Medusa, se vogliamo...

4.2. Sabbie

Vermilion Sands è una area geografica immaginaria, una zona costiera liminale, forse sull'Atlantico, località di villeggiatura decadente – e decaduta – che oltre ad accogliere turisti occasionali o semi residenti ospita anche una variegata comunità di persone dislocate, disadattati, artisti in cerca di gloria, fuggitivi, anticonformisti... un non-luogo terminale e disincantato.

Siamo negli anni Sessanta di un Novecento in parte immaginario, proiettato in un futuro che non si realizzerà, almeno visto da oggi, con la forza del senno di poi. Potrebbe far pensare alla Marienbad immaginata da Alain Robbe-Grillet per ambientarci il suo film (1961) – e il suo romanzo (1961) – ispirati proprio al romanzo di Bioy Casares...

Il creatore di Vermilion Sands, lo scrittore inglese James Graham Ballard, vi dedicherà un intero ciclo di racconti, in cui declinerà attraverso personaggi e situazioni, tutto lo spettro delle nevrosi e del disadattamento della seconda metà del XX secolo, il tema profondo della sua speculazione narrativa.

Fra le meraviglie del luogo, in uno dei racconti della serie, *Le statue canore*, pubblicato nel 1962 (Ballard, 2003, pagg. 585-598), Ballard colloca le "sonisculture", entità che crescono sulle scogliere che si alternano alle sabbie vermiglie della zona, e che diventano la materia grezza su cui lavorano aspiranti o sedicenti artisti, metà scultori, metà musicisti, per trasformarle, lavorandole e connettendole a componenti di impianti *hi-fi*, in sculture figurative o astratte, in grado di produrre suoni organizzati in melodie quando sollecitate – Ballard fa intuire – dalla personalità e dagli spostamenti d'aria provocati da chi vi si avvicina. Una sorta di theremin semiorganico, insomma, ispirato allo strumento musicale progettato dall'inventore e fisico sovietico Lev Sergeevič Termen già nel 1919. Uno dei primi, se non il primo strumento elettronico, e sicuramente il primo strumento musicale che non preveda e non abbia bisogno del contatto fisico con chi lo suona. Anche qui, ad essere applicata è la logica del *codec*: i movimenti delle mani del suonatore si trasmettono attraverso l'aria a due aste di metallo che fanno da sensori e trasmettono il movimento al "cervello" dello strumento, che le trasforma in onde sonore. Perfetto, come punto di partenza per uno *science fictioneer* come l'inglese, visto che diventerà lo strumento musicale principe per creare sonorità aliene, stranianti, per il cinema di fantascienza.

Milton, il protagonista del racconto è uno scultore spiantato e incline alla truffa, che – dotato evidentemente di scarso talento – "trucca" per così dire le sue creazioni nascondendovi all'interno un registratore che riproduce brani d'opera o sinfonici, che vengono rielaborati dalla statua, ingannando così gli eventuali acquirenti.

Di una delle sue "creazioni", *Orbita Zero*, si innamora una grande attrice decaduta, Lunora Goalen, altro personaggio problematico, giunta al vero successo solo dopo essere rimasta deturpata in un incidente, che compra la statua per un prezzo spropositato, e la fa collocare sulla terrazza della sua villa a Vermilion Sands.

La statua, naturalmente, non funziona come dovrebbe, e Lunora, non sapendo che questa è "truccata", comincia a convocare ogni sera nella sua villa lo scultore, perché gliela ripari. E Milton va da lei ogni volta, rimanendone incantato, a trafficare all'interno della sua scultura, sbirciando l'attrice che ascolta i suoni prodotti dalla statua con lo sguardo perso in lontananza, come in una versione eccentrica di *Viale del tramonto* (Wilder, 1950).

Da un giorno all'altro, Milton scoprirà che Lunora è andata via, dopo aver fatto a pezzi la statua, e averla fatta scaricare sulle stesse scogliere dove era cresciuta.

Ancora, simboli antichi che attraverso la "macchina del mito" (Frezza, 1995) del cinema sono giunti fino alla contemporaneità della narrativa postmoderna, di cui James Ballard è stato un esponente, rielaborazioni del mito delle sirene, parte donna, parte canto ammaliatore.

Alla base della trama di queste narrazioni, la macchina narrativa messa in opera ha come punto di partenza la logica della mimesi, della possibilità di *tradurre* grazie a un sistema di codifica e decodifica un vivente in un suo simulacro: l'evanescente Faustine, le meravigliose Hadaly e Anna, il perfetto Adam…

Viene in mente l'argomentazione di Jean Baudrillard sui "tre ordini di simulacri" (1979), dall'*angelo di stucco* rinascimentale, attraverso il *robot* fordista, fino al *modello* dell'era digitale, iperrealista, virtuale, informazionale.

Bibliografia

Asimov I. (1950), *Io, Robot*, Mondadori, Milano, 2018.
Asimov I. (1951-1953, 1982, 1986, 1988, 1993), *Fondazione Il ciclo completo*, Mondadori, Milano, 2020.
Ballard J.G. (1962), *Le statue canore* 2003, in Ballard 1962.
Ballard J.G. (1962), *Tutti i racconti 1956-1962*, Fanucci, Roma 2003.

Baudrillard J. (1976), *Lo scambio simbolico e la morte*, Feltrinelli, Milano, 1979.

Benz E. (1989), *Teologia dell'elettricità*, Medusa, Milano, 2013.

Bioy Casares A. (1940), *L'invenzione di Morel*, Bompiani, Milano, 1974.

Bredekamp H. (1993), *Nostalgia dell'antico e fascino della macchina*, il Saggiatore, Milano, 1996.

Brown F. (1949), *Assurdo Universo*, Mondadori, Milano, 2004.

Čapek K. (1920), *R.U.R. Rossum's Universal Robot*, Marsilio, Venezia, 2015.

Ceserani G.P. (1969), *I falsi Adami*, Feltrinelli, Milano.

Davis E. (1998), *Techgnosis. Mito magia e misticismo nell'era dell'informazione*, Ipermedium, Napoli, 1999.

De Lamettrie J.O. (1748), *L'uomo macchina e altri scritti*, Feltrinelli, Milano, 1973.

DeLillo D. (2016), *Zero K*, Einaudi, Torino, 2016.

Dick P.K. (1968), *Gli androidi sognano pecore elettriche?*, Mondadori, Milano, 2022.

Durand G. (1963), *Le strutture antropologiche dell'immaginario*, Dedalo, Bari, 1972.

Eco U. (1964), *Apocalittici e integrati*, Bompiani, Milano.

Fattori A. (2018), *Dall'Uomo Vitruviano all'uomo Neoterico La "Creatura" di Mary Shelley due secoli dopo*, in "EXăgère" n. 3-4 III, 2018, http://www.exagere.it/dalluomo-vitruviano-alluomo-neoterico-la-creatura-di-mary-shelley-due-secoli-dopo/

Foucault M. (1969), *L'archeologia del sapere*, Rizzoli, Milano, 1971.

Frezza G. (1999), *La macchina del mito tra film e fumetti*, La Nuova Italia, Firenze.

Gibson W. (1984), *Neuromante*, Mondadori, Milano, 2023.

Jobson D. (2021), *10 Important Anime Films That Had Worldwide Success*, 03/05/2021, https://screenrant.com/anime-films-worldwide-success/ rilevato l'11/04/2024.

Koestler A. (1967), *Il fantasma nella macchina*, SEI, Torino, 1970.

Lenin V.I. (1965), *Le cooperative sotto il socialismo*, in *Opere scelte*, Editori Riuniti, Roma.

Lubrano F. (2023), *Antropologia per intelligenze artificiali*, D Editore, Roma.

McEwan I. (2019), *Macchine come me*, Einaudi, Torino, 2019.

Robbe-Grillet A. (1961), *L'anno scorso a Marienbad*, Einaudi, Torino, 1961.

Shelley Wollstonecraft M. (1818), *Frankenstein o il moderno Prometeo*, Einaudi, Torino, 2016.

Villiers de l'Isle-Adam A. (1886), *Eva futura*, Bompiani, Milano, 1966.

Filmografia

Anno scorso a Marienbad (l'), di Alain Robbe-Grillet, France/Italia, 1961.

Blade Runner, di Ridley Scott, Usa, 1982.

Ghost in the Shell, di Mamoru Oshii, Japan, U.K., 1995.

Metropolis, di Fritz Lang, Deutschland,1927.

Mistero del falco (il), di John Houston, Usa, 1941.

Viale del tramonto, di Billy Wilder, Usa, 1950.

Westworld Dove tutto è concesso, di Jonathan Nolan e Lisa Joy, Usa, 2016-2022.

Fumetti

Masamune Shirow *Ghost in the Shell – Kōkaku kidōtai*, Japan, 1989-1991.

Iconografia
Arnold Böcklin, *L'isola dei morti*, 1880-1886.

Da corpo a persona: il ruolo delle neuroscienze nel ripensare la medicina contemporanea

Vittoria Laboccetta

1. Ricostruzione storica della malattia e della salute

Sin dalle origini, l'umanità ha cercato di comprendere e dominare la natura, spinta non solo dal desiderio di sfruttarne le risorse, ma anche dalla necessità di preservare la propria salute. La malattia e la sofferenza hanno sempre accompagnato l'esistenza umana, alimentando la ricerca di rimedi efficaci e consolidando l'idea della salute come valore essenziale. Giorgio Cosmacini, medico, filosofo e storico della medicina, nel suo libro *L'arte lunga. Storia della medicina dall'antichità ad oggi,* ci guida con chiarezza attraverso il viaggio del paradigma medico, illustrando le trasformazioni profonde che hanno segnato il modo in cui la medicina ha compreso e trattato il corpo umano nel corso dei secoli. Nell'Iliade, la malattia è descritta come una forza misteriosa e inevitabile, spesso interpretata come una punizione divina. Il poema narra di una pestilenza che colpisce il campo acheo, scatenata dall'ira di Apollo, suggerendo che la malattia si manifesta nel corpo, ma origina da una volontà soprannaturale. Successivamente, l'Odissea presenta una concezione più evoluta della medicina, includendo patologie non traumatiche e l'uso di farmaci. In Egitto, la medicina era intrinsecamente connessa alla religione, con i sacerdoti che svolgevano ruoli centrali nella guarigione, esorcizzando i demoni e invocando il favore degli dei per ristabilire l'equilibrio tra il mondo fisico e quello ultraterreno.

La pratica medica egizia era una *polimedicina* sapienziale, basata su un sapere tradizionale che variava tra città e città e tribù e tribù, con ogni comunità che seguiva un culto locale e impiegava rimedi associati a specifiche divinità. La conoscenza delle proprietà ambivalenti dei farmaci, che potevano essere sia curativi sia tossici, influenzò anche la tradizione greca, come dimostrato dall'etimologia del termine farmaco. Nella società ebraica, la relazione con la malattia si sviluppò in un contesto diverso, quello dell'Esodo. La malattia era vista come una conseguenza delle colpe umane, ma Dio, oltre a infliggere il male, era anche in grado di guarire e proteggere chi rispettava le sue leggi. L'approccio biblico alla medicina univa la fede e le pratiche igieniche, con regole rigorose sull'alimentazione, la separazione dei malati e la pulizia rituale, che andavano oltre le pratiche egiziane di purificazione e mantenimento della salute. Il passaggio a una medicina basata su principi razionali e naturalistici avvenne con l'avvento della medicina ippocratica nel V secolo a.C. Ippocrate e i suoi discepoli introdussero un paradigma fondato sull'osservazione clinica e la teoria degli umori, secondo cui la salute dipende dall'equilibrio tra sangue, bile gialla, bile nera e flegma. La malattia era considerata il risultato di uno squilibrio tra questi umori, causato da fattori come l'ambiente, la dieta e lo stile di vita. Questa non era più vista come una punizione divina, ma come un fenomeno naturale, da prevenire e curare attraverso interventi razionali e sistematici. L'innovazione della medicina ippocratica risiedeva nell'integrazione di tecnica e antropologia: l'osservazione del paziente e il contatto fisico si combinavano con un approccio empatico, in cui il medico non solo esaminava i sintomi, ma ascoltava anche l'esperienza del malato. Le pratiche includevano manipolazioni, incisioni, dietetica e ginnastica, mirate a identificare il momento opportuno (*kairòs*) per intervenire. In questa prospettiva, la malattia era concepita non come un'entità nosologica definita, ma come un'esperienza esistenziale, situata tra la vita e la morte. Tale approccio segnò l'inizio di una fenomenologia antropologica della malattia, che avrebbe gettato le basi per una futura scienza medica fondata su una conoscenza *fisio-patologica* dell'uomo sano-malato. Durante il Medioevo, la medicina subì un'evoluzione graduale che contribuì alla trasformazione dei paradigmi tradizionali. In questo periodo, la medicina occidentale fu profondamente influenzata dalle conoscenze classiche, principalmente greche e romane, che erano state preservate e arricchite dai medici arabi e bizantini. La figura centrale della medicina medievale era il medico-scolastico, il cui sapere era fondato sull'interpretazione dei testi antichi, come quelli di Galeno e Ippocrate, combinati con la filosofia aristotelica e i contributi arabi. La medicina medievale veniva spesso praticata in contesti religiosi, come monasteri e scuole cattedrali, dove i guaritori si avvalevano di preghiere, rituali e reliquie per accompagnare i trattamenti fisici. Il ruolo del medico, quindi, non era solo quello di alleviare i sintomi fisici, ma anche di guidare il paziente attraverso un percorso di redenzione spirituale. Verso la fine del Medioevo, tuttavia, iniziarono ad emergere segni di un cambiamento. La riscoperta dei testi classici, favorita dalle traduzioni dall'arabo al latino e dalla nascita delle prime università in Europa, contribuì a una progressiva laicizzazione del sapere medico. Nonostante le limitazioni imposte dalla Chiesa, gli studi anatomici iniziarono a prendere piede nei contesti accademici, segnando una lenta transizione verso l'osservazione empirica. Il cambiamento di paradigma divenne più evidente con l'Umanesimo e il Rinascimento, periodi in cui le concezioni tradizionali cominciarono a essere messe in discussione. Anatomisti come Mondino de' Liuzzi e Andreas Vesalio segnarono una rottura con il passato, promuovendo l'osservazione diretta del corpo umano attraverso le dissezioni.

Nel XVII secolo, con l'introduzione del metodo sperimentale, la medicina abbracciò un modello meccanicistico ispirato alle leggi fisiche di Isaac Newton. Questo modello concepiva il corpo come una macchina composta da parti interconnesse, la cui salute dipendeva dal funzionamento di tali componenti. Il pensiero di René Descartes, con la sua distinzione tra *res cogitans* (mente) e *res extensa* (corpo), contribuì in modo significativo a plasmare l'approccio medico, promuovendo l'idea che la mente fosse separata dal corpo fisico, il quale poteva essere studiato e trattato in maniera indipendente dalla dimensione psichica e spirituale. Questa netta separazione tra corpo e mente, che Antonio Damasio ha definito "errore di Cartesio", fu alla base del modello biomedico moderno, che dominò la medicina occidentale per i secoli successivi. Secondo questo modello, la salute era definita principalmente come l'assenza di malattia o disfunzione organica, e la diagnosi era orientata verso l'individuazione di danni fisici visibili o alterazioni patologiche specifiche. Questo approccio rese possibili progressi significativi nella chirurgia, nella farmacologia e nella diagnostica, grazie a una comprensione sempre più dettagliata della fisiologia umana, ma rivelò i suoi limiti nei casi in cui la malattia era influenzata anche da fattori psicologici o sociali. Anche quando la psichiatria è emersa come disciplina autonoma, il corpo e la mente sono rimasti separati nei trattamenti, con il rischio di trascurare l'influenza reciproca delle condizioni fisiche e psicologiche. Michel Foucault (1976), nel suo studio sul pensiero medico del XVIII secolo, analizza la classificazione delle malattie come un sistema che precede e prepara il terreno per l'emergere del metodo anatomo-clinico. Sebbene possa apparire come un semplice schema organizzativo, la classificazione implica una configurazione del pensiero medico con caratteristiche specifiche, che plasmano in profondità la visione della malattia e del malato. Una delle caratteristiche principali di questa classificazione è la spazializzazione piatta e atemporale della malattia. Qui, la malattia è concepita in una dimensione bidimensionale, come un ritratto statico in cui causa ed effetto, antecedente e conseguente, coincidono. Il tempo non ha rilevanza, la malattia si manifesta attraverso una giustapposizione di sintomi che, pur essendo storici, non sono collocati in un ordine temporale di sviluppo. I sintomi in questo contesto assumono un ruolo di verità assoluta, considerati la trascrizione prima della malattia, la sua manifestazione più vicina e autentica, e non semplici segnali. La malattia è vista come una totalità naturale, dotata di principi propri che definiscono una sorta di entità ideale. Il medico, per cogliere la vera essenza della malattia, è chiamato ad astrarre il paziente concreto, cercando di penetrare attraverso i suoi sintomi per arrivare a una comprensione pura della malattia, vista come un'entità indipendente. In questo quadro, il malato viene percepito come un disturbo rispetto alla purezza ideale della malattia. Le malattie sono poi organizzate come specie naturali e ideali: inserite in famiglie e generi, sono trattate come entità dotate di una verità propria, benché si manifestino sempre in modo imperfetto nel paziente reale. Così facendo, la medicina del XVIII secolo si avvicina al modello tassonomico delle scienze naturali, dove l'osservazione mira a classificare l'essenziale. Lo sguardo medico in questo sistema si trova di fronte a un paradosso: deve riconoscere la malattia per poterla conoscere, ma al contempo possiede già, in qualche misura, la conoscenza necessaria per quel riconoscimento. La verità della malattia viene così raggiunta solo neutralizzando l'atto stesso dell'osservazione, quasi come se il medico dovesse cancellare la sua presenza per arrivare a vedere la malattia nella sua forma pura. Foucault evidenzia come questa classificazione delle malattie abbia preparato il terreno per la clinica moderna e il metodo anatomo-clinico, spostando l'attenzione sul paziente e cercando una correlazione tra segni visibili e linguaggio descrittivo. Tuttavia, sottolinea anche come questo sistema abbia generato una concezione astratta della malattia, vista come separata dal paziente reale, limitando la comprensione della malattia stessa alla dimensione del sintomo. Questo distacco ha introdotto una distanza tra medico e malato, spingendo verso un approccio che, concentrandosi sulla malattia come oggetto ideale, rischia di ignorare l'esperienza concreta del paziente. La trasformazione dello sguardo medico è uno dei punti centrali nell'analisi di Foucault. Il passaggio da una lettura dei segni a un'osservazione diretta del corpo cambia radicalmente il modo di intendere la clinica, che ora diviene uno spazio di osservazione privilegiato. In origine, lo sguardo medico era orientato alla decifrazione di segni preesistenti, quasi come se il medico dovesse interpretare un linguaggio cifrato, traducendo i sintomi in un quadro nosologico già definito. Con l'avvento della clinica, la percezione assume però un ruolo diretto e fondamentale: il medico è chiamato a osservare e a cogliere la verità della malattia nella sua manifestazione fisica. Questa trasformazione introduce il "colpo d'occhio" clinico, un'abilità di percezione immediata e intuitiva che permette al medico di vedere oltre le apparenze per arrivare all'essenza della malattia stessa. Rifacendoci alle parole dell'autore:

> L'esperienza clinica – questa apertura, la prima nella storia occidentale, dell'individuo concreto al linguaggio della razionalità, quest'evento capitale nel rapporto dell'uomo con se stesso e del linguaggio con le cose – è stata presto intesa come un accostamento semplice, senza concetto, d'uno sguardo e d'un viso, d'un colpo d'occhio e d'un corpo muto, una sorta di contatto, preliminare ad ogni discorso e libero

dagli impacci del linguaggio, tramite il quale due individui viventi sono "ingabbiati" in una situazione comune ma non reciproca (1976, p.44).

A seguito della Seconda Guerra Mondiale, si è avvertita la necessità di un paradigma più integrato, che ha portato all'introduzione del modello biopsicosociale (BPS) che considera la salute come uno stato di benessere fisico, mentale e sociale. Ufficialmente adottato dall'OMS nel 1946, si è affermato come riferimento nelle scienze mediche e sociali, riconoscendo che i fattori biologici, psicologici e sociali interagiscono nella comprensione e nel trattamento delle malattie. Il modello BPS ha ricevuto critiche per la sua struttura epistemologica e per la difficoltà a misurare con precisione l'interazione tra i tre domini principali. Tuttavia, la sua applicazione pratica, soprattutto in ambiti complessi come le comunità terapeutiche, ha dimostrato l'efficacia dell'integrazione tra l'approccio biomedico e quello biopsicosociale. Similarmente, la medicina orientale ha tradizionalmente abbracciato una visione olistica della salute, considerando l'individuo non solo come un'entità fisica, ma come un complesso sistema interconnesso, in cui le emozioni, le relazioni sociali e l'ambiente giocano un ruolo cruciale. Questo approccio ha sempre cercato di ristabilire un equilibrio tra le varie dimensioni dell'esperienza umana, riconoscendo che la salute non è semplicemente l'assenza di malattia, ma uno stato di benessere completo. Le concezioni orientali della salute sono state spesso marginalizzate nell'immaginario collettivo occidentale. Tuttavia, l'emergere delle neuroscienze ha iniziato a sfidare queste considerazioni, invitando a una rivalutazione critica di ciò che significa essere sani e malati. Le neuroscienze, dimostrando l'interconnessione tra esperienze vissute, processi cerebrali e salute, forniscono un ponte tra queste due visioni del mondo. Questa nuova comprensione ha implicazioni significative per la pratica clinica, poiché suggerisce che malattie apparentemente organiche possano essere profondamente radicate in esperienze psicosociali.

2. La triade *disease, illness, sickness* in una prospettiva fenomenologica

La tripartizione di Andrew Twaddle (1968) tra "*disease*", "*illness*" e "*sickness*" offre un utile framework per analizzare le diverse dimensioni della malattia. Il termine disease si riferisce alla dimensione oggettiva e biologica della malattia: è la patologia identificata e classificata dalla medicina, il guasto organico che può essere misurato, diagnosticato e trattato. In questo senso, il *disease* rappresenta la prospettiva del medico, focalizzata sull'individuazione delle cause e dei meccanismi biologici che sottendono la malattia. L'*illness* rappresenta invece la dimensione soggettiva ed esperienziale della malattia: è il modo in cui la persona vive e percepisce la propria condizione di malessere, includendo le sensazioni fisiche, le emozioni, i pensieri e i significati attribuiti alla malattia. L'*illness* è quindi l'esperienza del malato, influenzata dalla sua storia personale, dal contesto sociale e culturale di appartenenza. La *sickness* invece, si riferisce alla dimensione sociale della malattia: è il modo in cui la malattia viene definita e interpretata dalla società, le aspettative e i comportamenti che vengono associati alla condizione di malato. La *sickness* coinvolge quindi il ruolo sociale del malato, le norme e le istituzioni che regolano l'accesso alle cure e il riconoscimento dello stato di malattia. È importante sottolineare che queste tre dimensioni non sono separate e statiche, ma interagiscono e si influenzano a vicenda. L'esperienza della malattia può essere influenzata dalla diagnosi medica e dalle aspettative sociali. Allo stesso modo, la percezione sociale della malattia può

74

essere condizionata dalla conoscenza scientifica e dalle narrazioni dei malati. Questa distinzione è fondamentale per comprendere come le neuroscienze possano influenzare le pratiche cliniche. Le esperienze di *illness* e *sickness* sono fortemente legate ai contesti sociali e culturali in cui gli individui vivono. Pertanto, un approccio terapeutico che ignori queste dimensioni sociali rischia di essere inefficace. La fenomenologia di Edmund Husserl, che sottolinea l'importanza del corpo vissuto (*Leib*), offre un contributo significativo a questa tripartizione, evidenziando la necessità di considerare la persona malata non solo come un organismo con disfunzioni, ma anche come un soggetto che vive e attribuisce significato alla propria condizione. Husserl esplora la relazione tra due dimensioni corporee. Da un lato, vi è il corpo che ci appartiene, il corpo che percepiamo, che obbedisce alla nostra volontà e ci permette di agire nel mondo. È il corpo che sentiamo nostro, attraverso il quale ci definiamo e di cui siamo consapevoli nel quotidiano, fatto di gesti familiari e di percezioni intime.

Dall'altro lato, vi è il corpo che ci domina, quello che non possiamo controllare, che si manifesta come altro da noi, soprattutto nel momento del dolore o della malattia. È un corpo che si ribella, che segue percorsi che ci sfuggono. Non siamo più noi a possederlo, ma è lui a possederci, imponendoci limiti, cambiando il nostro essere e obbligandoci a confrontarci con la nostra fragilità. Questa dualità riflette la tensione tra il corpo come oggetto della medicina e il corpo vissuto, che è soggetto di esperienza. L'uso dell'*epoché* nella fenomenologia di Husserl implica la sospensione del giudizio e delle conoscenze precostituite, concentrandosi sull'esperienza vissuta nella sua immediatezza. Applicato all'*illness*, questo strumento ci permette di mettere da parte le spiegazioni mediche oggettive per esplorare il vissuto soggettivo del malato. In questo modo, l'analisi si focalizza su come la persona percepisce i propri sintomi, il cambiamento del proprio corpo e la disgregazione della sua persona, senza preconcetti esterni. Husserl sottolinea che la coscienza è sempre intenzionale, cioè diretta verso un oggetto. Nel contesto della malattia, l'oggetto è il corpo alterato e sofferente. L'esperienza del corpo malato non è solo una questione di sintomi biologici, ma diventa parte integrante della percezione della persona, che si trova a rivedere il proprio senso di sé e la propria esistenza. In questo modo, l'analisi fenomenologica offre un metodo per comprendere come l'*illness* trasformi il vissuto corporeo, modificando le modalità di interazione con l'ambiente e con gli altri. La fenomenologia infine riconosce l'importanza dell'intersoggettività, aspetto strettamente connesso alla dimensione della *sickness*, che ci porta ad indagare il modo in cui le norme sociali, le aspettative culturali e le interazioni con le istituzioni mediche influenzano l'esperienza del malato.

3. Il ruolo delle neuroscienze: plasticità neuronale e interazione tra mente, corpo e ambiente

Esperimenti condotti dalla seconda metà del secolo scorso hanno dimostrato che il cervello ha la capacità di modificarsi non solo nei primi anni di vita, come si pensava inizialmente, ma anche in età adulta. Sebbene questa plasticità sia più marcata nei primi anni, rimane comunque una caratteristica intrinseca e duratura del cervello. La sua capacità di modificarsi in risposta all'ambiente offre una prova concreta che mente e corpo interagiscono profondamente, smantellando il concetto di un sistema corporeo separato dalla mente. Non solo i processi psicologici possono influire sulla struttura neuronale, ma eventi fisiologici, come malattie e traumi, hanno un impatto significativo sulle funzioni cognitive ed emotive. Uno dei primi studi sulle modificazioni cerebrali indotte dall'esperienza è stato condotto dalla neuroanatomista Marian

Diamond (1964), che ha esplorato l'influenza dell'ambiente sullo sviluppo del cervello nei mammiferi. Nei suoi esperimenti, ratti adulti esposti a un ambiente ricco di stimoli mostravano un maggiore sviluppo della corteccia prefrontale rispetto a quelli tenuti in ambienti privi di stimoli. Questa straordinaria capacità è una caratteristica universale, che permette a ogni individuo di adattare continuamente il proprio cervello alle esperienze vissute. La plasticità cerebrale si articola in due forme principali: la plasticità funzionale e quella strutturale. La prima riguarda i cambiamenti neurofisiologici che avvengono in seguito all'apprendimento di nuovi schemi sensoriali, motori o cognitivi. Questi cambiamenti possono manifestarsi attraverso riorganizzazioni a livello micro e macro-anatomico che coinvolgono ampie aree corticali. Un esempio illuminante di plasticità funzionale è rappresentato dall'apprendimento di sequenze motorie, dove la pratica ripetuta di movimenti specifici delle dita porta a un notevole ampliamento delle aree corticali dedicate a queste funzioni, con un incremento fino a quattro volte rispetto alla situazione iniziale. Tali modifiche possono instaurarsi in pochi giorni. La plasticità strutturale, invece, si riferisce ai cambiamenti morfologici del cervello legati all'apprendimento o alla perdita di capacità sensoriali, motorie o cognitive. L'impiego di tecniche avanzate di imaging cerebrale ha reso possibile lo studio di tali fenomeni negli esseri umani. La plasticità strutturale può interessare sia la sostanza grigia, che include la corteccia cerebrale e i nuclei profondi, sia la sostanza bianca. Un esempio significativo di modificazione della sostanza grigia è l'aumento di volume dell'ippocampo osservato nei tassisti di Londra. Per conseguire la licenza di taxi, questi professionisti devono affrontare un intenso periodo di formazione per orientarsi in una rete stradale complessa. Questa necessità di sviluppo delle capacità di orientamento porta a un ingrandimento dell'ippocampo, una struttura fondamentale per la memoria spaziale. Il rovescio della medaglia della plasticità neuronale, si riflette su come lo stress cronico e altri fattori psicologici negativi riducano le connessioni dendritiche, influendo sulle capacità cognitive e sulla memoria. Difatti, il neuroscienziato Bruce McEwen (2002), ha pionieristicamente dimostrato come l'esposizione prolungata allo stress porti a un aumento del cortisolo, l'ormone dello stress, che, se persistente, provoca una riduzione dei dendriti nei neuroni piramidali dell'ippocampo. McEwen ha quindi evidenziato il legame diretto tra lo stress e i cambiamenti nella plasticità neuronale, sottolineando come tali alterazioni influiscano anche sulla memoria e sulle emozioni. Anche il neuroscienziato Robert Sapolsky (2004) ha studiato l'effetto dello stress su varie aree del cervello, incluse l'amigdala e l'ippocampo, riscontrando che lo stress cronico non solo riduce le connessioni dendritiche, ma limita anche la neurogenesi ippocampale (processo attraverso cui vengono generati nuovi neuroni nell'ippocampo). I suoi studi confermano che il cortisolo può alterare la struttura cerebrale e compromettere importanti funzioni cognitive, contribuendo a stati ansiosi e depressivi. Tutti questi risultati, che indicano la stretta interconnessione tra cervello, stress e resilienza psicologica, offrono un'importante base per comprendere come i fattori sociali e psicologici possano influenzare la salute cerebrale e il decorso delle malattie. Tali elementi, oltre a impattare sulle capacità cognitive, possono aggravare i sintomi fisici della *disease* stessa, creando un ciclo di reciproca influenza tra il corpo malato e la percezione della malattia. Allo stesso modo, una rete di supporto sociale e il superamento di eventuali stigmi possono modulare positivamente la risposta allo stress e la plasticità funzionale, promuovendo un adattamento neurofisiologico più favorevole e persino migliorando l'efficacia dei trattamenti.

4. Aspetti socioculturali della malattia: stigma, supporto sociale e ruolo delle aspettative

Antonio Maturo, nel suo libro *Sociologia della malattia* (2016), evidenzia come il significato sociale attribuito a determinate patologie possa rafforzare o alleviare il loro impatto sulla vita dell'individuo. Il contesto sociale crea delle etichette che definiscono l'identità del malato, determinando spesso una distanza tra la percezione individuale della malattia e la sua definizione sociale, contribuendo in tal modo a una stigmatizzazione che non è solo culturale, ma anche psicologica. Per i malati, il corpo diventa una componente essenziale dell'identità e un mezzo di relazione. È al contempo un testo, veicolo di significati, e un progetto, che richiede cura e attenzione. Zygmunt Bauman (1999) sottolinea come il corpo rappresenti per l'uomo moderno una preoccupazione centrale e una fonte di costante impegno. Quando la salute vacilla, il corpo, spesso dato per scontato, si impone come centro dell'attenzione, trasformando funzioni basilari in fonti di sollievo o angoscia. Ogni cambiamento fisico diventa cruciale e questo iper-focalizzarsi sul corpo evidenzia quanto la malattia modifichi non solo l'umore, ma anche il senso di dipendenza dalle proprie condizioni fisiche. Questo stato porta a una distanza dal mondo e a una percezione del corpo come altro, un radicamento in cui il malato si ritrova a vivere esclusivamente attraverso il proprio corpo malato. A tal proposito, la sociologa Ellen L. Idler (1982) identifica alcune caratteristiche dell'esperienza della malattia: la tendenza all'isolamento, dove il malato si ritrae dalla vita sociale e concentra l'attenzione sul proprio corpo; la fissazione sul presente, che immobilizza la coscienza attorno alla condizione attuale; la perdita di fiducia nella capacità del corpo di rispondere alla malattia; e, infine, la diminuzione delle capacità comunicative, con la difficoltà di esprimere il proprio vissuto agli altri. Questo processo può portare a un isolamento sociale ulteriore, dove il malato non si sente compreso e tende a ridurre il contatto con chi non condivide la sua condizione. La malattia cronica rappresenta un momento di rottura nella vita del malato, richiedendo una revisione profonda della propria identità e del proprio ruolo nel contesto sociale. Come già accennato, il corpo diventa il centro dell'esperienza e, spesso, segna una distanza tra il sé e il mondo esterno, influenzando il modo in cui l'individuo interagisce con gli altri e con sé stesso. In questa prospettiva, la malattia cronica si trasforma in una rottura biografica, in cui le abitudini quotidiane devono essere ridefinite, le relazioni sociali ripensate e la percezione di sé adattata alla nuova condizione. La gestione di una patologia cronica comporta anche l'interazione costante con il sistema sanitario e il confronto con i significati attribuiti alla malattia dal contesto sociale. Le aspettative sociali, il supporto e il rischio di stigmatizzazione si intrecciano nella definizione dell'identità del malato. L'esperienza soggettiva di malattia può essere vissuta in modo diversificato: c'è chi si percepisce come malato solo quando si presentano le crisi, affrontando la patologia come una contingenza che altera la biografia solo temporaneamente, e chi invece vive l'intera condizione come un'intrusione costante. Un ulteriore aspetto da considerare è quello dello stigma sociale. Le etichette culturali legate alla malattia contribuiscono al senso di isolamento e vergogna del malato, amplificando il peso della condizione fisica con un carico emotivo e psicologico. Lo stigma può manifestarsi sia come atto concreto di discriminazione, sia come paura e anticipazione di un giudizio negativo da parte della società, condizionando non solo il malato, ma anche i familiari e caregiver, che possono essere coinvolti nel cosiddetto stigma onorario (Goffman, 1963). Questa complessità socioculturale evidenzia quanto il percorso di malattia non sia semplicemente una questione individuale, ma un fenomeno che si inserisce in una rete di relazioni sociali e culturali che ne modulano il significato e le conseguenze. L'importanza del supporto sociale e del superamento dello stigma diviene quindi fondamentale per una migliore gestione e accettazione della condizione cronica, sia per il paziente che per il suo contesto relazionale. La diagnosi di una malattia cronica rappresenta una rottura profonda nelle abitudini e nella percezione del proprio corpo e della quotidianità del paziente, generando un senso di incertezza. I pazienti devono affrontare un processo di adattamento che richiede l'adozione di strategie specifiche per gestire i sintomi, affrontare le difficoltà quotidiane e ridefinire il proprio senso di sé. La gravità della patologia e l'età del paziente influenzano il modo in cui questi compiti vengono affrontati, rendendo necessaria la mobilitazione di risorse personali e sociali. Il supporto familiare e l'aiuto dei gruppi di autoaiuto, sia in presenza sia attraverso comunità online, risultano un supporto utile per affrontare l'isolamento e il senso di incomprensione che spesso caratterizza le malattie croniche meno conosciute. I malati di fibromialgia, ad esempio, devono lottare per ottenere il riconoscimento sociale del proprio stato, utilizzando il confronto con altri pazienti per costruire una narrazione coerente della propria esperienza. La riflessione continua del malato sulla propria condizione, nel tentativo di darle un senso e di accettarla, può generare una stanchezza fisica e mentale significativa, portando spesso alla perdita di fiducia. La sfiducia, che emerge in queste condizioni, non solo mina il benessere psicologico del malato, ma ha anche conseguenze concrete sulla sua salute fisica. Quando la sfiducia prevale, può entrare in gioco il fenomeno del "nocebo", in cui le aspettative negative sul trattamento o sull'esito della malattia si traducono in effetti dannosi concreti. La convinzione che un trattamento non funzionerà, o che la guarigione sia impossibile, può portare al peggioramento dei sintomi, creando un circolo vizioso che compromette ulteriormente il decorso della malattia. La sfiducia compromette la *compliance*, ovvero l'adesione al trattamento, poiché un paziente che non nutre aspettative di miglioramento è meno incline a seguire le terapie prescritte. Questo stato di rassegnazione diventa così un agente patogeno da contrastare. Le neuroscienze suggeriscono che il cervello gioca un ruolo cruciale nel nocebo attraverso il sistema delle aspettative. Quando una persona anticipa una risposta negativa a un trattamento o una condizione, il cervello attiva specifiche aree coinvolte nell'elaborazione delle emozioni e delle sensazioni corporee, come l'amigdala e la corteccia cingolata anteriore. Queste aree sono coinvolte nella regolazione della paura, dell'ansia e nella percezione del dolore. L'attivazione di queste regioni può amplificare la sensazione di disagio fisico, anche in assenza di una causa fisiologica diretta. I neurotrasmettitori come la dopamina, la serotonina e il glutammato giocano un ruolo fondamentale nel nocebo. Le aspettative negative possono alterare i livelli di questi neurotrasmettitori, che sono coinvolti nella modulazione dell'umore, del dolore e della risposta allo stress. La dopamina, ad esempio, è spesso associata al sistema di ricompensa, ma può anche essere coinvolta nelle esperienze di dolore in presenza di aspettative negative. Se una persona si aspetta che un trattamento causi dolore, il sistema dopaminergico può aumentare la percezione del dolore stesso, creando una spirale di sofferenza psicologica e fisica. Un altro aspetto neuroscientifico del nocebo riguarda la memoria e l'apprendimento. Le aspettative negative possono derivare anche da esperienze passate, che vengono

82

memorizzate nel cervello. La corteccia prefrontale, responsabile della gestione delle emozioni e della memoria, è coinvolta nel richiamo di esperienze negative precedenti. Queste memorie possono influenzare la risposta del corpo a trattamenti futuri, creando un'anticipazione di sofferenza anche se il trattamento non è dannoso. In sintesi, la percezione della malattia è profondamente modellata dal contesto sociale e culturale, che non solo influisce sul riconoscimento collettivo della malattia, ma ne condiziona anche l'esperienza individuale. Lo stigma, il supporto sociale e le aspettative sono fattori determinanti nel plasmare l'esito del percorso terapeutico, rivelando come la dimensione psicologica e sociale sia intrecciata con quella fisiologica. Le neuroscienze confermano che le aspettative possono alterare concretamente la risposta del corpo, dimostrando l'urgenza di adottare un approccio che vada oltre le separazioni tradizionali tra mente e corpo, e tra individuo e ambiente. Per affrontare la complessità della malattia, è necessario un cambiamento di paradigma che integri questi elementi, trasformando la cura in un'esperienza più completa e consapevole.

5. Conclusioni: la necessità di una medicina che sfidi le separazioni tradizionali

Nell'attuale cultura sanitaria continuano ad emergere nell'operatività delle pratiche cliniche i pregiudizi del dualismo mente-corpo. Tale vuoto culturale e organizzativo può e deve essere colmato riconoscendo il giusto ruolo e valore delle neuroscienze. Il modello integrato che si propone si basa sulla convergenza di neuroscienze, fenomenologia e approcci biopsicosociali, offrendo una visione più olistica e completa della salute e della malattia. Le neuroscienze, con le loro scoperte sui processi cerebrali e sulla plasticità neuronale, hanno contribuito a una comprensione più approfondita di come la mente e il corpo siano interconnessi e come i fattori ambientali influenzino direttamente la salute mentale e fisica. Dalla fenomenologia si trae l'importanza di considerare l'esperienza vissuta dell'individuo, la sua percezione soggettiva della malattia e la sua relazione con il contesto sociale e culturale. Questo approccio permette di riconoscere che la realtà della malattia non è solo biologica, ma anche esperienza personale e interpretazione sociale. Gli approcci biopsicosociali, infine, offrono una sintesi pratica che tiene conto dei molteplici fattori biologici, psicologici e sociali che determinano lo stato di salute. Integrare questi approcci significa superare la visione riduzionista della medicina tradizionale, per sviluppare un modello terapeutico che non solo trattenga i dati scientifici, ma ascolti e rispetti l'esperienza soggettiva del paziente, promuovendo un percorso di cura personalizzato e globale. Solo superando l'illusoria separazione tra corpo e mente, e individuo e ambiente, potremo finalmente curare l'essere umano nella sua interezza, restituendo alla medicina la sua missione originaria: non riparare macchine, ma guarire persone.

Bibliografia
Bauman, Z. (1999), *La società dell'incertezza*, Il Mulino, Bologna
Cosmacini, G. (2011), *L'arte lunga. Storia della medicina dall'antichità a oggi*, Laterza, Bari
Damasio A. (1995), *L'errore di Cartesio*, Adelphi, Milano
Diamond M. C., Krech D., Rosenzweig M. R., *The effects of an enriched environment on the histology of the rat cerebral cortex*, *The Journal of Comparative Neurology*, 123 (1): 111–119

Fabbro, R. (2019), *La meditazione mindfulness. Neuroscienze, filosofia e spiritualità,* Il Mulino, Bologna

Foucault, M. (1976), *Nascita della clinica: Un'archeologia dello sguardo medico,* Einaudi, Torino

Goffman, E. (1983), *Stigma. L'identità negata,* Giuffrè Ed., Milano

Husserl, E. (2002), *Idee per una fenomenologia pura e per una filosofia fenomenologica (Vol. 1),* Einaudi, Torino

Idler E.L. (1982), *Salute, malattia e sociologia sanitaria, Sapere,* febbraio-marzo, 7-16, [ed. orig.: (1979), *Definition of Health and Illness, and Medical Sociology,* Social Science and Medicine, n. 13a, pp. 723-731]

Maturo, A. (2016), *Sociologia della malattia. Un'introduzione,* Franco Angeli, Milano

McEwen, B. (2002), *The end of stress as we know it,* Joseph Henry Pr, Washington

Sapolsky, R. M. (2004), *Perché alle zebre non viene l'ulcera,* Castelvecchi, Roma

Le tecnologie bio-mediali e la mediatizzazione dell'esperienza quotidiana

Antonella Napoli

0. Introduzione

Le interconnessioni tra sviluppi delle neuroscienze e tecnologie mediali e processi comunicativi sono molteplici e bidirezionali. Da un lato, infatti, i progressi nelle neuroscienze permettono di implementare le tecnologie della comunicazione e aiutano a potenziare e migliorare i processi comunicativi (Pecchinenda, 2017): ciò vale tanto per la comunicazione interpersonale quanto per la comunicazione con i robot – si pensi al caso dei robot sociali – e per la comunicazione uomo-macchina in generale, attraverso gli sviluppi dell'IA. Dall'altro, tutti i dati e le informazioni accumulati in queste interazioni aiutano poi a far crescere la ricerca neuroscientifica.

In questo scenario, il presente contributo prova a sviluppare una riflessione sulle tecnologie bio-mediali – ossia quei mezzi di comunicazione che si interfacciano non solo con i nostri sensi ma che sono capaci anche di travalicarne la percezione. Attraverso la lente del paradigma della mediatizzazione e delle sue articolazioni, l'obiettivo è quello di osservare le implicazioni comunicative innescate da tali media e di identificare brevemente alcuni scenari che sembrano configurarsi in termini di impatto sociale e culturale.

1. I bio-media

Quando parliamo di bio-media (Thacker, 2010) ci riferiamo a tutti quei dispositivi di uso quotidiano che monitorano, controllano e codificano le nostre attività e le nostre funzioni vitali riuscendo anche a sorpassare i limiti corporei e percettivi. Attraverso queste tecnologie bio-mediali, il corpo è infatti penetrato in modo da permettere non solo una sua esplorazione ma anche attività di tracciamento secondo le logiche delle piattaforme. Si tratta di tutti quegli strumenti – app, smart watches, rilevatori – che agiscono come interfacce biotecnologiche che arrivano a trasferire messaggi anche al di sotto della nostra pelle superando i confini definiti biologicamente e culturalmente. In tal modo completano un ecosistema mediale di dispositivi disseminati nello spazio con i quali i soggetti sono costantemente monitorati – si pensi ad esempio a tutti i rilevatori, alle telecamere, ai body-scanner.

Tali media digitali sono pertanto diventati via via più pervasivi, portatili e miniaturizzati portando alle estreme conseguenze le intuizioni mcluhaniane. Attraverso di essi, i corpi si trasformano in un materiale plastico da espandere all'interno e al di fuori: estesi, penetrati, potenziati, tracciati, riprodotti, bypassati. Per estensione, comunque, possiamo pensare anche a quelle applicazioni che pur non rilevando direttamente i nostri bioritmi o le informazioni biologiche, sviluppano contigue forme di misurazione e tracciamento dei nostri comportamenti e delle nostre performance, come ad esempio le app diffuse negli ambienti scolastici che elaborano costantemente sistemi di monitoraggio e rappresentazione grafica dei rendimenti (ad esempio *Argo*) o le app di ambiente medico-sanitario, a partire da quelle – si pensi a *Immuni* – sviluppate durante la pandemia (Napoli, 2020).

Rispetto alla comunicazione resa possibile dai media tradizionali, i bio-media moltiplicano dunque le forme di passaggio di informazione. Essi costituiscono infatti un ambiente tecnologico che percepisce e registra ogni azione del soggetto traducendola automaticamente in informazioni utili che consentono – fra le altre cose – di profilare e registrare.

Tali mezzi di comunicazione, pertanto, interagiscono con i nostri sensi mettendo in atto processi di bio-mapping, ossia processi di indicizzazione dei corpi.

Come spiegare la compenetrazione di tali tecnologie e delle pratiche connesse, pur alla luce delle interferenze che esse sembrano avere con i limiti personali? Come osservarne l'impatto sociale e le logiche mediali che li sottendono? A mio avviso è di estrema utilità il paradigma della mediatizzazione – soprattutto nella sua declinazione della *deep mediatization* così come sviluppata da Nick Couldry e Andreas Hepp (Couldry e Hepp, 2017).

La categoria di mediatizzazione (Boccia Artieri, 2015; Hepp, 2013; Hjarvard, 2013; Livingstone e Lunt, 2014; Lundby, 2009; *Id.*, 2014) è infatti particolarmente valida per spiegare il potere simbolico dello sviluppo tecno-mediale nel modificare e trasformare i modi in cui percepiamo e abbiamo cognizione del mondo attorno a noi e per osservare l'influenza dei media sull'intera organizzazione sociale. Secondo questo paradigma – pur nella diversità degli approcci – i cambiamenti sociali e culturali possono essere meglio compresi considerando la presenza sistemica dei media all'interno della società: come scrive Roger Silverstone (che però preferisce il termine *mediazione*), «i processi di comunicazione modificano gli ambienti sociali e culturali che li sostengono, nonché le relazioni che i partecipanti, individuali e istituzionali, hanno con quell'ambiente e fra di loro» (p.78, 2005). I processi innescati dalla presenza penetrante dei media sono inoltre di lungo termine (Frezza, 2013).

La mediatizzazione, dunque, va intesa come un meta-processo che risponde a logiche mediali. Seguendo Friedrich Krotz (2017), la mediatizzazione è una sorta di deriva strutturale –

88

paragonabile ai processi di globalizzazione e di individualizzazione – che segna il coinvolgimento crescente dei media in tutte le sfere della vita per cui i media, alla lunga, diventano sempre più rilevanti per la costruzione sociale della vita quotidiana, della società e della cultura nel suo complesso (p.107). Dunque, quello della mediatizzazione è un approccio teorico che cerca di mettere insieme il ruolo crescente dei media a ogni livello della vita quotidiana e le trasformazioni correlate in termini di pratiche comunicative e di interazione sociale: questo perché le pratiche quotidiane da un lato prendono forma *nei* e *con* i media e dall'altro sono trasformate dalla onnipresenza dei media stessi. Pertanto, si può ragionare di come i media "possono" essere coinvolti nel cambiamento sociale e culturale proprio perché sono inseriti – *embedded* – in quelle stesse pratiche sociali e culturali.

Come sottolineano Laura Gemini e Stefano Brilli, la mediatizzazione serve infatti a gettare luce sul ruolo con cui i media e le tecnologie sono progettate (e dunque le piattaforme in primis): «la mediatizzazione è dunque la chiave per comprendere le dinamiche di modellamento da parte delle tecnologie mediali che forniscono formati e frame all'esperienza» (2022, p. 18); d'altro canto, tale paradigma osserva anche l'*agency* dei soggetti che si appropriano a loro volta delle logiche e tecniche mediali per modellare le loro pratiche quotidiane.

2. La cultura dell'algoritmo e l'ideologia della valutazione

Per comprendere al meglio le variabili che incidono sull'*agency* appena richiamata, ritengo estremamente proficua, all'interno del dibattito sulla mediatizzazione, la lettura che ne danno Couldry e Hepp e che è orientata a mettere in luce le interconnessioni tra media e potere – nella cornice teorica dei *Cultural Studies*.

Couldry ed Hepp leggono infatti la storia dei media e della comunicazione nei termini di quattro "ondate" di mediatizzazione – meccanizzazione, elettrificazione, digitalizzazione e, ora, *datafication*. Il concetto di deep mediatization riesce dunque a descrivere al meglio il passaggio e la contemporanea fusione delle ultime due ondate dal momento che i media sono ora molto più pervasivi nei processi sociali poiché si servono dei dati e delle tracce che lasciamo usando e appropriandoci di quegli stessi media.

Il concetto di deep mediatization non solo aiuta a comprendere come avviene l'accettazione della penetrazione dei media a livello subsensoriale, ma spiega anche come siamo ormai abituati a pensarci nei termini, per esempio, dei frame delle app che rilevano i nostri dati fisici e corporei: diventano improvvisamente importanti, ai nostri occhi, le informazioni che sono aggregate dai media portatili e ci "pensiamo" nei termini imposti da quelle tecnologie della comunicazione. Tornando al nostro caso, infatti, le *costruzioni mediali della realtà* sono possibili perché facciamo continuamente ricorso – e ci adeguiamo – a specifiche "categorie organizzanti" che si sono imposte nella nostra vita quotidiana proprio in virtù della mediatizzazione e che prendono forma in una serie di pratiche – ossia ordinare, catalogare, fare liste, ricercare, e tutto secondo strutture che sono poi elaborate per mezzo degli algoritmi. Queste azioni incidono a loro volta con un effetto retroattivo sulle attività della nostra vita quotidiana: in linea con il concetto di deep mediatization, le tecnologie bio-mediali ci fanno pensare, interiorizzare e agire in coerenza con le modalità di catalogazione e filtraggio – da alcuni studiosi chiamate infatti modalità di *search-ification* della vita quotidiana (Sundin *et al.*, 2017). Tali attività sono inoltre diventate operazioni routinarie: come illustrano Couldry e Hepp attraverso il concetto di deep mediatization, i soggetti elaborano un senso della realtà che è plasmato dai media; questa realtà, a sua volta, è essa stessa fatta di processi di mediazione tramite tecnologie della comunicazione. Dunque, il modo in cui i soggetti costruiscono il senso del mondo – e di loro stessi – è impigliato e collegato con i limiti, le affordances e le relazioni di potere propri dei media in quanto infrastrutture di comunicazione. Inoltre, gli schemi cognitivi e comunicativi sviluppati nella connessione prodotta attraverso le tecnologie retroagiscono sviluppando il potenziale espansivo delle tecnologie stesse e la loro capacità di colonizzare il mondo della vita quotidiana (Bentivegna e Boccia Artieri, 2018, p.33). Le tecnologie bio-mediali plasmano dunque la percezione del mondo e le pratiche secondo quella che gli studiosi chiamano "cultura dell'algoritmo" (ad esempio Hallinan e Striphas, 2016; Gillespie, 2014): tale cultura incide sulle azioni e trasforma le modalità di costruzione dei nostri processi comunicativi e relazionali per adattarci a tali sistemi – Luciano Floridi a tal proposito parla di *"envelop"*. I soggetti in ultima analisi non solo attuano strategie ermeneutiche al fine di adottare tecniche utili a rendere riconoscibile dall'algoritmo le loro pratiche, ma introiettano le logiche classificatorie nelle pratiche stesse. I criteri classificatori e i pattern sono dunque dei nuovi attori sociali (Airoldi, 2022) che entrano in gioco e che rendono più complesso il processo comunicativo. La cultura algoritmica serve dunque a ordinare, categorizzare, creare gerarchie; naturalmente, non sono i media di per sé a plasmare le pratiche, ma le pratiche stesse che si servono e si appropriano di tali media: "i nostri mondi sociali e le loro oggettivazioni sono i prodotti sia delle nostre stesse pratiche comunicative che rappresentazioni – algoritmicamente generate – di questi mondi" (Andersen, 2018, p. 13). Come sottolinea Jack Andersen, infatti, la deep mediatization implica proprio una differente forma di interazione e capacità cognitiva degli esseri umani. I cambiamenti, pertanto, come suggeriscono alcuni studiosi, non sono solo – così come li stiamo descrivendo – di ordine sociale e culturale ma anche epistemologico in quanto arrivano a farci agire, comprendere e conoscere le cose – e noi stessi – secondo le logiche del processamento dei dati e degli algoritmi nonché secondo logiche di archiviazione e di categorizzazione nuovi (van Dijck, 2014).

Come detto, questo diverso modo di "pensarci" è favorito dai dispositivi mobili – braccialetti, smart watches e soprattutto applicazioni – che ci sottopongono a processi di digitalizzazione e quantificazione del corpo. Usiamo questi strumenti appunto per monitorare la salute, le attività fisiche: queste tecnologie bio-mediali si servono infatti di indicatori biometrici – passi, calorie bruciate, qualità del sonno, livello dello stress, temperatura, pressione. La *personal analytics* è dunque una pratica ormai acquisita dai soggetti nella vita quotidiana attraverso tutti questi strumenti che sono di volta in volta chiamati di self-tracking, life-logging, self-surveillance e che sono discussi nell'ambito delle teorie del quantified self (cfr. Swan, 2013; Maltseva e Lutz, 2018). Le informazioni quantitative trasformano dunque il corpo in un oggetto "intelligente" all'interno dell'ambiente digitale e lo valutano in termini di produttività, risorse, e così via...

Di fatto si assiste a una piattaformizzazione (van Dijck *et al.*, 2018) delle nostre pratiche e dei criteri che adottiamo per osservare le nostre performance identitarie in una sorta di rigurgito del pensiero positivista per cui ogni processo è quantificabile e misurabile. Questi strumenti di monitoraggio volontario si intrecciano a loro volta con tutti gli altri strumenti che ci monitorano nelle nostre attività quotidiane rendendo costante l'accumulo di dati che ci riguardano e la loro conversione in elementi informativi. I soggetti, dunque, finiscono con l'adattare le loro pratiche alle raccomandazioni di questi device bio-mediali che stabiliscono le quantità e le modalità "necessarie" attraverso procedure socialmente elaborate.

Le pratiche associate ai bio-media sono pertanto lette anche in termini di opportunità di assunzione del controllo rispetto agli aspetti della propria vita che si ritiene debbano essere migliorati. Naturalmente, quest'ambizione si regge su un approccio culturale che a mio avviso richiama le riflessioni fatte da alcuni studiosi, in particolare Davide Borrelli, sull'emergere di un'ideologia della valutazione (2015). Nelle parole di Borrelli, nella nostra società è possibile osservare l'affermarsi di sistemi valutativi che di fatto garantiscono

> ... la condizione di possibilità di quelle pratiche e di quei discorsi che oggi vengono promossi per realizzare il progetto di una vita "migliore" in quanto più produttiva, competitiva, fondata sul merito e orientata all'eccellenza (ivi, p.12).

Tale ideologia della valutazione ha naturalmente presa perché rinforzata dalle logiche di networking alla base della nostra contemporaneità: i soggetti ritengono infatti desiderabile condividere i loro dati perché è significativo essere valutati positivamente all'interno delle proprie reti sociali. La mediatizzazione, infatti, interviene anche nella diffusa idea di non voler essere marginalizzati o esclusi dai flussi comunicativi e mediali, spingendo i soggetti a mantenersi all'interno di frame, ossia di un margine oltre il quale sono relegati tutti gli aspetti che non rientrano nelle categorie accettabili.

Peraltro, in questa cultura e ideologia della valutazione che spiega i rapporti biunivoci tra auto-controllo e controllo governamentale – in un rimbalzo costante tra quantificazione e *commodification* del sé – agiscono anche i meccanismi orizzontali di controllo reciproco ampiamente osservati ad esempio da Fausto Colombo (2013) nell'ambiente della Rete (attraverso la luce di Michel Foucault) oltre che da David Lyon (2020) nelle sue riflessioni sulla cultura della sorveglianza. Al contempo, la piattaformizzazione delle procedure e i processi di datafication correlati assecondano gli interessi del mercato di concerto con gli attori politici all'interno di una narrazione neoliberista che enfatizza queste pratiche: la bio-mediatizzazione favorisce a livello macro e micro anche una riconfigurazione di valori e bisogni dei soggetti; insiste sui passi in avanti della scienza e della tecnologia e sostiene i nuovi modi di vivere e comunicare favorendo l'accettazione, da parte dei pubblici, di tali sistemi riponendo fiducia negli stessi.

In fin dei conti, si assiste a quello che è possibile definire un processo di mediatizzazione ontologica: una trasformazione – nel senso dei media – dell'essere in quanto tale (Alekseeva, 2021)

3. Bio-mapping e controllo

Il paradigma della deep mediatization e l'ideologia della valutazione sono utili strumenti euristici per comprendere l'adozione da parte dei soggetti di pratiche di monitoraggio e controllo del sé: tali pratiche vanno però osservate all'interno di più ampi processi sociali di sviluppo e perfezionamento di strumenti di mappatura e scannerizzazione dei corpi che se da un lato innescano profonde innovazioni – nel campo delle neuroscienze, medico, dell'intelligenza artificiale e delle *human augmentics* in generale – dall'altro pongono urgenti questioni relative alla biosorveglianza e al controllo.

In effetti, se richiamiamo brevemente i principali domini nei quali tali processi prendono forma, è possibile osservare la pervasività del fenomeno: del resto, la biosorveglianza necessita di quanti più strumenti possibile per collezionare informazioni su singoli individui e intere collettività e conservare le informazioni all'interno dei vari database. Si è partiti dalla rilevazione delle impronte digitali; sono poi seguiti i sistemi di riconoscimento facciale, la scansione della retina, la geolocalizzazione. Nel frattempo, gli studi sul cervello e le sue funzioni se da un lato hanno permesso avanzamenti nel campo delle neuroscienze, dall'altro hanno innescato gli sviluppi alla base dell'IA: i sistemi di machine learning si sono infatti basati sul rilevamento delle forme di parlato e sono stati addestrati su immense moli di testi al fine di rappresentare nel modo più convincente possibile il funzionamento del linguaggio e apprendere dall'interazione. Con i progressi negli studi sulle reti neurali e lo sviluppo dei Large Language Model è stato poi possibile il rilascio delle IA generative che mostrano sofisticati meccanismi di simulazione di molti processi umani (Mitchell, 2022).

Ci sono poi progetti più avveniristici: *AlterEgo* del MITMedia Lab[7] è sviluppato per rilevare i pensieri senza che i soggetti debbano effettivamente parlare perché riesce a riconoscere le articolazioni usate per il discorso interno: i soggetti possono conversare in linguaggio naturale con la macchina attraverso un'interfaccia periferica neurale senza aprire la bocca o emettere suoni ma semplicemente articolando le parole internamente.

Questi ed altri progetti rientrano nelle ricerche attorno agli human augmentics (Papacharissi, 2019), tecnologie che espandono le caratteristiche e le capacità degli esseri umani – uno dei termini inglesi usati per descriverle è infatti *intelligence-amplifying devices* – basandosi sugli studi dei

---

[7] cfr. https://www.media.mit.edu/projects/alterego/overview/ (data ultimo accesso: novembre 2024)

limiti cognitivi, sensoriali e fisici umani e sull'adozione di tecnologie hardware, software e dei social media. In questo campo, ritroviamo lo sviluppo di studi orientati a implementare strumenti e interfacce che permettono un corpo "aumentato" tramite l'ausilio di chip, impianti, interfacce neuronali – si pensi alle ricerche della Neuralink.

Come detto, le logiche culturali che muovono questo tipo di procedure di bio-mapping di cui si è fatta una velocissima carrellata sono riscontrabili anche alla base delle pratiche di consumo delle tecnologie bio-mediali e sono al centro del dibattito sulla mediatizzazione del corpo e sulla rinegoziazione dei suoi confini con inevitabili ricadute in termini di sorveglianza e controllo all'interno di un contesto fortemente plasmato dalla datafication.

La sorveglianza basata sulle tracce corporali si è intensificata, come noto, dopo l'11 settembre 2001. Anni dopo, in occasione della famosa manifestazione *Occupy Wall Street* (2012) a New York, furono firmati dei provvedimenti in favore della raccolta e conservazione delle tracce del DNA di coloro che erano fermati dalla polizia; nella stessa occasione, fu favorito il ricorso alla scansione dell'iride collegando tale pratica alla possibilità di essere rilasciati e di pagare una cauzione. Il progetto di sorveglianza sociale cinese, il *Social Credit System*, è andato in questa direzione, soprattutto attraverso sistemi di riconoscimento facciale: a tal proposito, il paradigma della mediatizzazione è una valida cornice interpretativa anche per comprendere le interconnessioni tra tali sistemi di controllo e il racconto pubblico costruito attorno all'idea della loro indispensabilità (Napoli, 2019). Con il caso cinese nonché con tutti i casi identificati dagli studi sui rischi dell'IA – Ruha Benjamin (2019) e Safiya Noble (2018) fra i primi – si osservano dunque le forme attraverso cui è possibile creare disallineamenti di potere e causare segregazioni su base razziale, di genere, politica ecc. Dalla sorveglianza al controllo il passo è difatti breve: è lecito ipotizzare che se una mappatura completa del funzionamento del cervello dovesse raggiungersi, tra i rischi vi potrebbe essere la possibilità di interagire direttamente con esso, superando i confini naturali, attraverso interazioni da remoto.

Naturalmente questi aspetti sono affrontati nel dibattito sui temi della privacy, della sicurezza e del controllo; le tecnologie bio-mediali complessificano però lo scenario già critico delle nostre attività digitali: non è solo questione di aggregare dati a partire da cosa si fa, cosa piace, come si agisce. I *sensory data* aprono a rischi in termini di controllo dei corpi a livello neuronale e cellulare. Nelle loro estreme conseguenze, tali rischi sono ad esempio discussi all'interno del dibattito attorno alla necropolitica (Braidotti, 2020) e alle procedure mediche e ai protocolli scientifici che muovono dall'idea che il corpo non è di proprietà soltanto della persona che lo abita ma anche di terze parti come lo Stato (si pensi al complesso tema dei vaccini).

Le tecnologie bio-mediali riescono infatti a tradurre anche ciò che non ha forma, che è *disembodied*, in informazione percepibile e comprensibile attraverso il rilevamento del DNA, le tecniche di brain finger-printing (ossia il rilevamento delle risposte neurologiche di un cervello sottoposto a immagini e altro), il rilevamento del calore corporeo (pensiamo ad esempio ai rilevatori della temperatura). Le informazioni altrimenti invisibili legate al nostro corpo, al nostro linguaggio e alla nostra mente sono aggregate e rese visibili – dunque materializzate – attraverso schermi e altri device per poter essere successivamente trattate.

La nuova rivoluzione – tra avatar e ambienti immersivi, surrogati, protesi, e tecniche neuronali –rende dunque necessario un ampio dibattito sul tema del corpo quale ultima frontiera della soggettività e integrità umana e spiega l'emergere degli sforzi di pensare agli sviluppi dell'IA in termini *human-centered*.

4. Processi di mediatizzazione del corpo

All'interno, dunque, della cornice teorica sin qui richiamata, la rinegoziazione dei confini dei corpi e l'affermarsi di un'estrema pervasività tra interno ed esterno è osservabile come mediatizzazione del corpo o bio-mediatizzazione (Briggs e Hallin, 2016), naturalmente favorita dalla trasformazione delle modalità comunicative dei media tradizionali in quelle interattive e multidirezionali dei media digitali. Nell'esplosione dell'IA, poi, questi processi si potenziano ulteriormente permettendo una relazione tra i soggetti e i dispositivi tagliata su misura. Se la bio-mediatizzazione può essere considerata il punto estremo della pervasività delle logiche mediali all'interno delle pratiche della vita quotidiana, il dibattito sul tema dell'*algorithmized self* (Bhandari e Bimo, 2022) illustra infatti il peso che l'IA ha su questo processo: tutti i dati che sono raccolti e che sono trattati non solo ci muovono nella direzione dei traguardi (sociali) e dei vincoli (mediali e tecnologici) dettati dalle app e dai programmi ma al contempo contribuiscono a costruire un'esperienza mediale sempre più coinvolgente e su misura, in cui i parametri e i criteri organizzativi stabiliti dall'esterno sembrano corrispondere perfettamente alle aspettative dell'utente. Ecco, dunque, che le barriere continuano a cadere tra i soggetti e le tecnologie bio-mediali (che peraltro ora parlano come noi) e trasformano i confini dei corpi che sembrano diventare quasi solo un'interfaccia tra la mente e il mondo esterno.

Questa lettura è peraltro già percorsa dalle esplorazioni narrative della fantascienza: interessante, per le analogie con il nostro discorso, è per esempio la proposta formulata nella serie

Altered Carbon, andata in onda per due stagioni dal 2018 al 2020. Qui i corpi sono rappresentati come interfacce sostituibili che proteggono l'identità psichica degli umani (Frezza, 2025, in corso di pubblicazione). Tale identità – che racchiude la consistenza della mente, e dunque la memoria, il sapere, le emozioni – è registrata su un dispositivo definito "pila corticale" che può essere impiantato nella nuca degli umani, all'interno di corpi che fungono da mere "custodie artificiali". Una scelta narrativa, questa, che sembra portare alle estreme conseguenze la realtà della bio-mediatizzazione e che mette in evidenza l'emergere di nuove sensibilità intorno al tema del corpo. Un corpo che non ha più una superficie di distinzione (Wegenstein, 2006) e che non segna più i confini tra pubblico e privato, tra il sé e la costruzione culturale esterna, tra il dentro e il fuori e in cui l'interferenza tecnologica è portata alle estreme conseguenze (Hansen, 2006).

Il dibattito che emerge e che sembra di volta in volta seguire la via dei cyborg, dell'umanità espansa, del postumano, del transumanesimo o del lungotermismo mostra in filigrana le storiche contrapposizioni sul tema, tra visioni antropocentriche e postumaniste.

Le posizioni riconducibili alla prima sono orientate a riconoscere e garantire i confini tra soggetti e agenti tecnologici e insistono sull'irriducibilità dei corpi. Secondo l'altra interpretazione, invece, i limiti umani e culturali nonché biologici possono essere rinegoziati. Donna Haraway (2018), ad esempio, parla dei sensi e del corpo come di "physical media" che mettono in comunicazione il dentro con il fuori. Le trasformazioni digitali hanno senso, in questa visione, come ulteriori strumenti per implementare il proprio sé, per riconfigurarlo e aggiornarlo, fino allo stato di cyborg. Andando avanti rispetto a questa prospettiva, Judith Butler (2023) si riferisce ai corpi come strumenti per "rendere visibili" le idee.

L'attuale fase di mediatizzazione del corpo sembra in verità portare alle estreme conseguenze questa visione: dagli avatar ai cyborg, dai gadget come gli smart glasses ai monitor per la salute, alle protesi, all'ingegneria genetica e alle tecniche neuronali, è difatti rivoluzionata l'idea di corpo come frontiera della soggettività umana e della sua integrità.

Il concetto di biomedia, che unisce il tema delle tecnologie della comunicazione a quello del corpo è dunque trattato principalmente nella direzione di un'espansione del corpo oltre i propri confini fisici, oltre la soglia della materia – si pensi al concetto di corpo bio-mediato elaborato da Patricia Clough (2008) – opponendosi all'idea di corpo-quale-organismo, invalicabile e ben distanziato rispetto al contesto.

In ogni caso, l'uso delle tecnologie bio-mediali ha un profondo impatto sulle vite quotidiane dei soggetti in termini culturali, sociali e politici.

In primo luogo, come visto, le logiche di appropriazione vanno lette ricorrendo al paradigma della mediatizzazione: in tal modo è possibile riscostruire la pervasività della cultura dell'algoritmo e della datafication nel definire le pratiche quotidiane. Tali pratiche, come visto, sono inoltre inquadrabili alla luce dell'ideologia della valutazione. In secondo luogo, le innovazioni tecnologiche sempre più veloci aprono ai rischi di biosorveglianza e controllo e dunque sollecitano un dibattito etico in merito ai bio-media che ruota, attualmente, soprattutto attorno al tema dell'approccio *human-centered*. Ma siamo sicuri che sia l'unica opportunità? Forse la strada da percorrere è nella direzione di un'etica laica che affondi nelle prospettive materialistiche: il controllo dei corpi – che è sempre anche controllo delle menti, così come il controllo delle menti è sempre controllo dei corpi – è un problema da considerare rispetto alla questione della libertà degli individui, ma ancora più in generale per tutti i viventi. La bio-mediatizzazione invece – si pensi ad esempio agli sviluppi che sembrano avere le visioni tecno-strategiche di Elon Musk, soprattutto alla luce del suo nuovo ruolo attivo nella politica – predice al contrario la separabilità fra corpo e mente, con il connesso auspicio dell'immortalità raggiunta in uno stadio tecnologico avanzato che però, al momento, sembra essere appannaggio solo di coloro che possono permetterselo economicamente.

Bibliografia

Airoldi M. (2022), *Machine Habitus. Toward a Sociology of Algorithm*, Polity Press, Cambridge.

Alekseeva E.A. (2021), "Mediatize or Die? Mediatization of Corporeality and Biopolitics in Cyberculture", *RUDN Journal of Studies in Literature and Journalism*, 26, 2.

Andersen J. (2018), "Archiving, ordering, and searching: search engines, algorithms, databases, and deep mediatization", *New Media & Society*, I-16.

Benjamin R. (2019), *Race after Technology: Abolitionist Tools for the New Jim Code*, Polity Press, Cambridge.

Bentivegna S., Boccia Artieri G. (2018), *Le teorie della comunicazione di massa e la sfida digitale*, Laterza, Bari.

Bhandari A., Bimo S. (2022), "Why's Everyone on TikTok Now?", *Social Media + Society*, 8,1.

Boccia Artieri G. (2015), "Mediatizzazione e Network Society: un programma di ricerca", *Sociologia della Comunicazione*, 50: 62-69.

Borrelli D. (2015), *Contro l'ideologia della valutazione*, Editoriale Jouvence, Milano.

Braidotti R. (2020), *Il postumano. La vita oltre l'individuo, oltre la specie, oltre la morte*, Derive &Approdi, Milano.

Briggs C.L., Hallin D. (2016), *Making Health Public: How News Coverage is Remaking Media, Medicine, and Contemporary Life*, Routledge, New York.

Butler J. (2023), *Corpi che contano. I limiti discorsivi del sesso*, Roma, Castelvecchi.

Colombo F. (2013), *Il potere socievole. Storia e critica dei social media*, Mondadori, Milano.

Couldry N., Hepp A. (2017), *The Mediated Construction of Reality*, Polity Press, Cambridge.

Frezza G. (2013), *Dissolvenze. Mutazioni del cinema*, Tunuè, Latina.

Frezza G. (2025), *Il corvo e l'immagine. Il cinema di E. A. Poe*, in corso di pubblicazione

Gemini L., Brilli S. (2022), "Gradienti di liveness. Lo shaping socio-tecnico delle arti performative tra online e offline. Introduzione", *Connessioni remote*, 3, 12.

Gillespie T. (2014), *The relevance of algorithms*, in Gillespie T., Boczkowski P.J. and Foot K.A. (eds), *Media Technologies: Essays on Communication, Materiality, and Society*, MIT Press, Cambridge.

Hallinan B., Striphas T. (2016), "Recommended for you: the Netflix Prize and the production of algorithmic culture", *New Media & Society,* 18, 1: 117–137.

Hansen M.B. (2006), "Media Theory", *Theory, Culture & Society*, 23, 2-3.

Haraway D. (2018), *Manifesto cyborg*, Feltrinelli, Milano.

Hepp A. (2013), *Cultures of Mediatization*. Polity Press, Cambridge.

Hjarvard S. (2013), *The Mediatization of Culture and Society*, Routledge, London.

Krotz F. (2017) "Explaining the Mediatisation Approach", *Javnost - The Public*, 24, 2: 103–118..

Livingstone S., Lunt P. (2014), *Mediatization: an emerging paradigm for media and communication research*, in Lundby K. (Ed.), *Mediatization of Communication: Handbooks of Communication Science*, De Gruyter Mouton, Berlin.

Lundby K. (Ed.) (2009), *Mediatization: Concept, Changes, Consequences*, Peter Lang, New York. Lundby K. (Ed.) (2014), *Mediatization of Communication*, Mouton de Gruyter, Berlin.

Lyon D. (2020), *La cultura della sorveglianza*, LUISS Press, Roma.

Maltseva K., Lutz C. (2018), "A quantum of self: A study of self-quantification and self-disclosure", *Computers in Human Behavior*, 81, 102-114.

Mitchell M. (2019), *L'intelligenza artifici*ale, Einaudi, Torino (2022).

Napoli A. (2019), "Il Social Credit System cinese nello sguardo dell'Occidente: alcune riflessioni sulle forme della datafication", *COMUNICAZIONEPUNTODOC*, 22: 71-78.

Napoli A. (2020), *Due o tre cose che non sappiamo di lei: la pandemia tra dati, sorveglianza e libertà individuali*, in Salzano D., Scognamiglio I. (a cura di), *Voci nel silenzio. La comunicazione al tempo del Coronavirus*, FrancoAngeli, Milano.

Noble S. U. (2018), *Algorithms of Oppression: How Search Engines Reinforce Racism*, NYU Press, New York.

Papacharissi Z. (Ed.) (2019), *A Networked Self and Human Augmentics, Artificial Intelligence, Sentience*, Routledge, New York.

Pecchinenda G. (2017), *L'essere e l'Io*, Meltemi, Milano.

Silverstone R., (2005), *Media, Technology and Everyday Life in Europe. From Information to Communication*, Routledge, London.

Sundin O., Haider J., Andersson C., *et al.* (2017), "The search-ification of everyday life and the mundane-ification of search", *Journal of Documentation*, 73, 2: 224–243.

Swan M. (2013), "The Quantified Self", *Big Data*, 1, 2.

Thacker E. (2010), *After life*, Chicago University Press, Chicago.

van Dijck J. (2014) "Datafication, dataism and dataveillance", *Surveillance & Society,* 12, 2: 197–208.

van Dijck J., Poell T., de Waal M. (2018), *The Platform Society: Public Values in a Connective World*, Oxford University Press, Oxford.

Wegenstein B. (2006), *Getting Under the Skin: Body and Media Theory*, MIT Press, Cambridge.

Accadde Oggi
Il passato, la memoria e Nuovi Media

Maria Pecchinenda

0. Introduzione

Uno dei temi più dibattuti nella ricerca sociologica attuale riguarda certamente l'impatto delle nuove tecnologie della comunicazione sulla memoria e, più in generale, sulle capacità cognitive degli esseri umani. All'interno di un tale dibattito, una particolare attenzione viene spesso dedicata alle conseguenze di un sempre maggiore utilizzo dei nuovi media digitali da parte delle giovani generazioni.

Molti studi recenti hanno ripetutamente corroborato l'idea, peraltro ampiamente diffusa anche nel senso comune, che la maggior parte degli adolescenti utilizzino lo smartphone in misura sempre crescente e seguendo modalità al di fuori di ogni criterio o regolamentazione. Una ricerca promossa dal ministero delle Imprese e del Made in Italy, con la collaborazione scientifica dell'Alta Scuola in media, comunicazione e spettacolo dell'Università Cattolica[8], ad esempio, sostiene che quasi tutti (il 94%) i minori tra gli 8 e i 16 anni utilizzano lo smartphone, che il 70% usa regolarmente social e piattaforme streaming e che i ragazzi trascorrono mediamente almeno tre ore al giorno online, con punte che superano spesso (tra il 20% e il 30% degli intervistati) anche le sei ore[9].

---

[8] Cfr. https://www.orizzontescuola.it

[9] Molteplici altri studi confermano tali dati e, soprattutto, una evidente tendenza all'aumento del tempo che i giovani trascorrono online. La ricerca

In questo saggio intendo riflettere su uno specifico aspetto relativo a questa ampia e dibattuta tematica, focalizzando la mia attenzione sul modo in cui i ricordi personali vengono mediati da agenti tecnologici autonomi, contribuendo così a ristrutturare, inevitabilmente, i processi sociali e cognitivi attraverso cui gli utenti elaborano il senso del passato e la costruzione stessa della loro memoria individuale e collettiva.

A tal fine, è mia intenzione analizzare il caso studio di alcune delle funzioni tecnologiche più diffuse nella cultura digitale giovanile, ovvero: *Accadde Oggi* di Facebook, *Ora e allora* di Instagram e *Memories* di Apple. Si tratta di funzioni in cui appare evidente come gli algoritmi e l'intelligenza artificiale stiano assumendo un ruolo sempre più centrale nella selezione, elaborazione e presentazione dei nostri ricordi.

Prima di procedere con una tale analisi, ritengo sia opportuna una sintetica riflessione di carattere introduttivo, in cui delineare il quadro storico e teorico più generale della ricerca sul tema.

"Tempi Digitali" di Save the Children pubblicata nel maggio del 2023, sostiene che in Italia, in media, il 73% dei minorenni tra i 6 e i 17 anni si collega a internet quotidianamente: nello specifico, con riferimento alla fascia d'età 6-10 anni si parla del 44,6%, nella fascia 11-13 anni del 78,3%, nella fascia 14-17 anni del 91,9%. Lo strumento principale utilizzato per connettersi è lo smartphone, con il 65,9% dei 6-17enni che ne fa un uso quotidiano. L'età in cui si possiede e utilizza lo smartphone si abbassa sempre di più. I dati ISTAT indicano, infatti, un significativo incremento della quota di bambini di 6-10 anni che utilizzano il cellulare tutti i giorni, registrato a seguito della pandemia: tra il biennio 2018-19 e il 2021-22, il dato su scala nazionale è aumentato dal 18,4% al 30,2%, soprattutto nel sud e nelle isole dove la percentuale di bambini nella fascia 6-10 anni che utilizza tutti i giorni il cellulare ha raggiunto il 43% (cfr. https://minorididiritto.org).

1. La memoria mediata

Le memorie mediate – secondo una definizione del sociologo Guido Nicolosi – possono essere definite come quelle attività e oggetti che "noi produciamo e di cui ci appropriamo per mezzo delle tecnologie mediatiche, per creare e ricreare un senso del passato, del presente e del futuro di noi stessi in relazione agli altri" (Nicolosi, 2024, pag. 117).

Come è noto, ogni innovazione tecnologica condiziona in modo più o meno ampio la configurazione generale delle capacità mnemoniche dei soggetti che vivono in una determinata epoca. La storia del rapporto tra uomo e tecnologie della comunicazione, insomma, fa parte di un ampio e complesso processo storico-culturale caratterizzato dalla presenza, in seno alle culture occidentali, di alcune fasi particolarmente significative. La prima tra tutte è certamente quella che ha assistito al passaggio da un tipo di società in cui la trasmissione di informazione e conoscenza si basava sull'oralità, ad un tipo di società che si sviluppava intorno ad un nuovo e rivoluzionario medium: *la scrittura.*

Eric A. Havelock (1995) è tra gli studiosi che più efficacemente ha analizzato quel determinante passaggio dalla cultura orale della Grecia di Omero alla cultura scritta della Grecia classica nella quale, tra l'altro, spicca la figura di Platone. Proprio Platone, nel V secolo avanti Cristo, periodo in cui si affermava la scrittura come strumento per la diffusione delle idee, consapevole della portata di tale "rivoluzione tecnologica", esprimeva tutti i suoi dubbi circa l'introduzione di questo nuovo mezzo di comunicazione nel *Fedro* attraverso un celebre dialogo tra i due protagonisti – il re egizio *Thamus* e il dio *Theuth*, inventore della scrittura – che manifestavano le proprie posizioni diametralmente opposte su tale innovazione.

Laddove il dio *Theuth* enfatizzava gli aspetti vantaggiosi che la scrittura avrebbe apportato all'intera umanità, resa più sapiente e libera dalla necessità di affidare alla propria mente il ricordo, il quale avrebbe avuto una più ampia possibilità di conservarsi una volta affidato ai supporti scritti, il re *Thamus* incarnava invece lo scetticismo platonico nei confronti di uno strumento considerato quantomeno ambiguo.

La scrittura, a detta del sovrano, avrebbe determinato effetti opposti rispetto a quelli descritti dalla divinità: affidando ad essa il compito di ricordare, gli uomini sarebbero infatti stati vittima dell'oblio, diretta conseguenza dell'indebolimento della capacità di memorizzare da soli.

Riprendiamo direttamente le parole di quello che continua ad essere uno dei più influenti pensatori della storia del pensiero occidentale:

> Il dio egiziano Teuth – racconta Socrate – inventò i numeri, il calcolo, la geometria, l'astronomia, il gioco della *petteia* e dei dadi, e anche le lettere (*grammata*). Si presentò quindi al faraone Thamus per illustrargli le sue *technai*. Quando giunse ai *grammata*, disse:
>
> - O re, questa conoscenza (mathema) renderà gli egiziani più sapienti e più dotati di memoria: infatti ho scoperto un *pharmakon* per la sapienza e la memoria.
>
> - E il re rispose: - Espertissimo (*technikotate*) Theuth, una cosa è esser capaci di mettere al mondo quanto concerne una *techne*, un'altra saper giudicare quale sarà l'utilità e il danno che comporterà agli utenti; e ora tu, padre delle lettere, hai attribuito loro per benevolenza il contrario del loro vero effetto. Infatti, esse produrranno dimenticanza (*lethe*) nelle anime di chi impara, per mancanza di esercizio della memoria; proprio perché, fidandosi della scrittura, ricorderanno le cose dell'esterno, da segni (*typoi*) alieni, e non dall'interno, da sé: dunque tu non hai scoperto un *pharmakon* per la memoria

(*mneme*) ma per il ricordo (*hypòmnesis*). E non offrì verità agli allievi, ma una apparenza (*doxa*) di sapienza; infatti, grazie a te, divenuti informati di molte cose senza insegnamento, sembreranno degli eruditi pur essendo per lo più ignoranti.

Al di là dei tanti possibili spunti di riflessione che questa pur breve parte del dialogo platonico potrebbe favorire, è indubbiamente impressionante la sua grande attualità nell'ambito nel dibattito sui media contemporanei.

Ancora oggi, infatti, una delle principali questioni su cui molti studiosi dibattono riguarda proprio il giudizio di valore sull'impatto delle nuove tecnologie sia a livello individuale che collettivo. Se, in generale, nessuno sembra poter mettere più in dubbio la loro pervasiva influenza, permane ancora – in forme non troppo dissimili da quelle che già emergevano dal discorso platonico – una sorta di grande dicotomia sul valore positivo o negativo di tale influenza. Per i detrattori di segno apocalittico, i nuovi media sarebbero fonte di una pericolosa iperstimolazione, considerata dannosa per le nostre capacità autonome di memorizzazione. Dal versante opposto, secondo altri studiosi la pervasività dei nuovi media e del loro utilizzo rappresenterebbe, invece, soltanto una normale tappa di un'ineluttabile evoluzione delle nostre protesi tecno-sensoriali.

Tra i primi, potremmo annoverare certamente la celebre antropologa del ciberspazio americana Sherry Turkle la quale, in alcuni suoi lavori[10], lancia un vero e proprio allarme sul dilagare di forme di relazioni digitali "perverse" che si sviluppano tra amici, coppie o interi nuclei familiari. In modo simile, il non meno celebre studioso tedesco Manfred Spitzer, ha denunciato ripetutamente i pericoli per le capacità cognitive delle giovani generazioni legate all'uso dei media digitali

---

[10] Cfr. ad esempio, Turkle, 2019.

(Spitzer, 2013; 2019). Una delle questioni su cui Spitzer richiama maggiormente l'attenzione, esaltandone la "pericolosità" per le capacità cognitive dei più giovani, riguarda la nascente "cultura della superficialità" che i nuovi media fomenterebbero. I media digitali, infatti, veicolando e favorendo processi di fruizione (lettura, visione, ecc.) superficiali, avrebbero un effetto profondamente negativo sui processi di apprendimento limitando la profondità dell'elaborazione cognitiva necessaria all'apprendimento. I testi che in passato venivano letti adesso vengono soltanto sfogliati; i concetti di navigare in rete o di "surfare", esprimono bene questo mutamento in atto.

Sul secondo versante, all'interno di un solco teorico tracciato da autori appartenenti ad ambiti disciplinari spesso eterogenei, i cosiddetti "integrati", pur condividendo l'assunto tutto sommato scontato secondo cui i media non possono mai essere considerati canali di comunicazione neutri, sostengono che si tratta di riconoscere che noi esseri umani siamo caratterizzati da una sorta di "natura tecnologica".

Karl Popper, ad esempio, scriveva già mezzo secolo fa che così come "l'evoluzione animale procede in larga misura attraverso l'emergere di nuovi organi e della loro modificazione, così l'evoluzione della cultura umana procederebbe, in larga misura, attraverso lo sviluppo di nuovi organi al di fuori del corpo: *esosomaticamente* o, *extrapersonalmente*. L'uomo, cioè, invece di sviluppare migliori occhi e migliori orecchie, produce occhiali, microscopi, telescopi, telefoni, cornette acustiche... – e invece di sviluppare gambe sempre più veloci, produce automobili sempre più rapide. E ancora – ed è questo un aspetto dell'evoluzione tecnologica di cui stiamo parlando – invece di sviluppare memorie e cervelli migliori, l'uomo produce carta, penne, macchine da scrivere, computer, libri e biblioteche" (Popper, 1975, pag. 73).

La nota tesi del *determinismo tecnologico* del celebre studioso Marshall McLuhan resta però, probabilmente, quella che con maggiore chiarezza ha fatto leva su tali questioni, inquadrandole nell'ambito di un discorso più genuinamente sociologico.

Ogni epoca – sosteneva lo studioso canadese – è determinata da una tecnologia che ne rappresenta il motore e ne configura la forma. McLuhan, in sintesi, evitando di considerare buone o cattive le tecnologie, parte dall'idea che gli strumenti tecnologici che si sono diffusi nel corso dei secoli siano solo estensioni delle estremità e dei sensi dell'uomo, ovvero, che una pala è un'estensione della mano, così come il telefono lo è dell'orecchio e la televisione lo è sia della vista che dell'orecchio. Ed è soprattutto attraverso questa strada che la tecnologia influisce sull'uomo e, in un certo senso, lo "determina". È questo il motivo per cui egli sottolinea la necessità di conoscere il meglio possibile le tecnologie di cui disponiamo, piuttosto che criticarle o giudicarle sulla base di giudizi di valore che finiscono inevitabilmente per essere sempre necessariamente obsoleti rispetto alle nuove tecnologie. Ciò che in genere è invece accaduto è che l'uomo, animale capace di costruire strumenti quali il linguaggio, la scrittura o la televisione, abbia dato origine, con il loro utilizzo, all'ampliamento di alcuni dei propri organi sensoriali, lasciando però deprivarsi degli altri sensi, o lasciarsi "estraniare" da essi.

Ogni nuova tecnologia – sosteneva in sintesi McLuhan – si trasforma in parte integrante dell'ambiente, rendendosi praticamente invisibile, ovvero "non percepita consapevolmente" dai suoi stessi utenti. I momenti di transizione da una tecnologia a un'altra sono gli unici che consentono di osservare la sua vera influenza, ma per farlo adeguatamente dobbiamo essere in grado di porre l'accento sui *media* e non sul loro contenuto: questo è il motivo per cui il *medium* rappresenta il vero *messaggio*.

Ovviamente ci sono periodi della storia in cui le innovazioni tecnologiche nascondono insidie particolari in relazione al sistema sociale in cui si diffondono. È accaduto con il treno, con la fotografia, con il cinema e, più recentemente, con la televisione. È molto probabile che, attualmente, con i pc, gli smartphone e la cultura digitale che tali strumenti contribuiscono a diffondere stia accadendo qualcosa di simile.

2. Le nuove memorie digitali

Tornando all'oggetto principale di questo mio intervento, vorrei adesso proporre, come già accennato, una serie di riflessioni riguardanti alcune delle funzioni tecnologiche più diffuse nella cultura digitale giovanile: *Accadde Oggi* di Facebook, *Ora e allora* di Instagram e *Memories* di Apple. Per comprendere alcuni dei principali meccanismi connessi a tali funzioni, considererò un esempio immaginario dai contorni particolarmente verosimili.

Immaginiamo, dunque, una giovane donna di nome Francesca, dotata di un comune profilo sia su Facebook che su Instagram. Cinque anni fa, il 20 luglio, Francesca si era laureata e, come da consuetudine diffusa, aveva scattato con il suo smartphone numerose foto durante la cerimonia, insieme ai suoi amici e familiari, per poi condividerle quasi istantaneamente sui social media. Oggi, 20 luglio, esattamente cinque anni dopo la sua laurea, Francesca accede al suo profilo Facebook e le appare una notifica da parte di *Accadde oggi*, con il seguente messaggio allegato: "Francesca, 5 anni fa ti sei laureata! Guarda i tuoi ricordi di questo giorno speciale". Cliccando sulla notifica, Francesca viene reindirizzata ad un suo spazio personale in cui sono raccolte foto e video del giorno della sua laurea, organizzati automaticamente da Facebook.

Possiamo adesso ipotizzare le possibili reazioni di Francesca al rivedere le immagini della sua laurea, probabilmente invasa da sentimenti di autentica nostalgia e (immaginiamo) di gioia.

Aldilà delle specifiche reazioni, più o meno probabili, la notifica ricevuta da Francesca stimolerà certamente in lei dei ricordi legati a "quel" giorno e alle emozioni provate in "quel" significativo momento del "suo" passato.

Trascorsi alcuni istanti, e dopo una breve pausa di riflessione, Francesca decide di condividere nuovamente la raccolta di foto sul suo profilo pubblico di Facebook, integrandolo magari con uno o più commenti nostalgici, in modo che i suoi amici e familiari interagiscano a loro volta con post di commenti e reazioni, rafforzando così legami sociali e alimentando un senso di memoria collettiva.

Accadde oggi indurrà molto probabilmente Francesca a riflettere su quanto la sua esistenza (e la sua stessa identità) sia cambiata negli ultimi cinque anni. Rivedere le immagini di un evento passato, stimolerà necessariamente in lei il desiderio di rintracciare alcuni percorsi della sua identità nel tempo, confrontando la Francesca di oggi con quella di ieri.

Un tale esempio può essere applicato in maniera simile anche ad altre piattaforme social, come *Ora e allora* di Instagram, ma non solo. Anche indipendentemente dai social, i fruitori di smartphone e PC di qualunque azienda, grazie alla funzione *Memories* introdotta da *Apple* nel 2016, e a sistemi simili proposti da *Android*, avranno anch'essi la possibilità di riproporci ricordi in modo autonomo, organizzandoli e presentandoli in base a data, luogo e ora, creando video (montati in modo altrettanto autonomo) arricchiti da un sottofondo musicale.

Riprendendo le considerazioni teoriche introdotte in precedenza, può essere interessante riflettere a questo punto sul possibile impatto di queste originali e specifiche funzioni della memoria, oggi così ampiamente diffuse nella nostra cultura quotidiana.

3. Memories

Come appena ricordato, non solo chi è iscritto a un *Social Network*, ma anche tutti coloro che utilizzano uno smartphone o un PC sono soggetti a questa sorta di pressione memoriale stimolata autonomamente da algoritmi di diverso genere. Le immagini-ricordo prodotte dagli strumenti (vere e proprie protesi tecnologiche oramai "quasi" incorporate) di comunicazione di cui disponiamo, oltre ad essere organizzate e scandite sulla base del luogo, del giorno e dell'ora in cui sono state prodotte, vengono riproposte periodicamente attraverso delle anteprime il cui controllo è totalmente governato dai dispositivi stessi.

Se pensiamo all'individuo contemporaneo, difficilmente si può evitare di immaginarlo privo di un suo telefono cellulare. In effetti sono ben pochi i momenti della giornata in cui una tale protesi tecnologica resta accantonata al di fuori della nostra portata. Inutile ribadire che una tale condizione di "incorporamento" o di "fusione" con le tecnologie è maggiormente diffusa tra le giovani generazioni.

Considerando alcuni dati riferiti più specificamente al nostro Paese, si stima che in Italia ci siano circa 20 milioni di utenti iPhone attualmente attivi. Questo dato rappresenta una quota significativa del mercato italiano degli smartphone, dove Apple detiene circa il 26-30% della quota di mercato complessiva. Come accennato in precedenza, intorno al 2016 Apple ha introdotto la funzione *Memories* su iPhone, la quale utilizza *l'app Foto* per generare automaticamente raccolte di ricordi, come compleanni, vacanze o momenti di un anno fa, in modo personalizzato e con musica e montaggi video incorporati. È una funzione predefinita di iOS che si serve della solida integrazione tra hardware e software di Apple.

Google, invece, aveva già implementato un sistema di riconoscimento avanzato con *Google Foto*, grazie a tecnologie di apprendimento automatico sviluppate negli anni precedenti, che ora includono una funzione simile per creare "ricordi" personalizzati basati sugli interessi e sugli usi degli utenti. La tecnologia che alimenta queste funzioni si basa su algoritmi di *machine learning* e *intelligenza artificiale* che analizzano dettagli visivi come il riconoscimento facciale e le informazioni di geolocalizzazione, per identificare persone e luoghi. Gli algoritmi esaminano quindi gli schemi temporali, come la frequenza con cui una persona appare nelle foto o se un determinato luogo è visitato più volte.

Su iPhone, ad esempio, i "Memories" vengono generati in modo automatico dalla libreria delle foto, mentre Google Foto sfrutta la potenza dei suoi server cloud per elaborare le immagini e suggerire raccolte basate su tendenze personali, geografiche e stagionali. La funzione di creazione di ricordi basata sulle foto, come "Un anno fa" o raccolte tematiche, è comune sia sugli iPhone che su molti dispositivi Android, ma viene implementata con diverse app o modalità simili. Anche su Android è possibile trovare funzionalità simili, specialmente con l'app Google Foto, disponibile sia su Android che su iOS, che genera ricordi in modo simile a quello precedentemente descritto per iPhone.

Il merito di aver reso popolati tali funzioni tecnologiche di "memorizzazione" va condiviso tra più attori nel settore. *Google* e *Apple* sono stati pionieri nel rendere queste funzioni accessibili e integrate nei dispositivi. Google ha lavorato alla creazione di algoritmi di riconoscimento visivo avanzato già prima del lancio di Google Foto nel 2015, e Apple lo ha seguito con la sua versione personalizzata. Oggi, tale tecnologia viene continuamente perfezionata per migliorare l'accuratezza del riconoscimento e per garantire una narrazione visiva che sia coinvolgente ed emotivamente rilevante.

In conclusione, la funzione di "Memories" rappresenta una fusione che vede implicate da un lato i continui processi di innovazione tecnologica e dall'altro il profondo e onnipresente bisogno umano di ricordare e commemorare momenti importanti del proprio passato.

4. L'Album fotografico e la digitalizzazione delle immagini

Negli ultimi anni la fotografia ha subito una serie di profonde trasformazioni legate allo sviluppo tecnologico che ha invaso il mondo dei media. Il passaggio dalla tecnologia analogica a quella digitale ha ridefinito radicalmente il modo in cui le immagini vengono prodotte e condivise. Le nuove modalità di fruizione delle immagini digitali, caratterizzate dalla loro ubiquità e dalla facilità di condivisione attraverso i social media, hanno aperto la strada a nuove dinamiche di interazione sociale e alla creazione di memorie collettive mediate digitalmente. In particolare, la rapida diffusione delle immagini digitali ha reso la fotografia uno strumento istantaneo di autoespressione, che gioca un ruolo chiave nella costruzione dell'identità. L'evoluzione della fotografia si intreccia, quindi, con lo sviluppo della tecnologia e della scienza, nonché con i mutamenti sociali e culturali che ne hanno modificato l'uso e il significato.

È trascorso molto tempo dall'ultima volta che qualcuno di noi ha composto un album fotografico su un supporto cartaceo. Magari potremmo averlo anche sfogliato di recente, ma molto probabilmente la sua creazione risale molto probabilmente ad almeno un paio di decenni fa. Curare un album fotografico è un processo simile a quello che conduce a scrivere un diario: l'obiettivo è quello di lasciare una qualche traccia che contribuisca a testimoniare la "reale" esistenza di un evento specifico vissuto nel passato. L'intero processo di produzione, localizzazione e recupero di tali tracce è oramai sempre più delegato a strumenti tecnologici digitali. Gran parte dei ricordi che un tempo godevano di un supporto materiale cartaceo, oggi sono custoditi digitalmente e accessibili grazie alla mediazione dei nostri cellulari e computer portatili.

Da quando si è assistito al passaggio dalla fotografia analogica a quella digitale vari autori, artisti e pensatori si sono soffermati, oltre che sui concetti di memoria e ricordo, anche sul modo in cui tale passaggio ha contribuito a modificare la nostra concezione del tempo e dello spazio[11].

Il rapporto di vicinanza-lontananza spaziale della realtà, reso evidente con la fotografia digitale, ha dato vita ad una serie di complessi e talvolta ancora irrisolti dibattiti. Si è compreso, ad esempio, che la fotografia digitale non è più in grado di collegarsi ad una temporalità lineare e continuativa.

A tal proposito riecheggia la descrizione di Marcel Proust secondo cui l'individuo, nel momento in cui si muove, traccia al contempo un percorso regolare e continuo, senza interruzioni; d'altro canto, l'individuo, se preso nell'atto proprio in cui sta fotografando qualcosa, inevitabilmente interrompe il suo movimento e il suo essere continuo, così le immagini di conseguenza risultano frammentate perché il tempo della fotografia è quello dell'istante. È ben nota, altresì, la polemica di Charles Baudelaire sull'incapacità della macchina fotografica di poter rappresentare la "realtà", polemica ripresa peraltro dai protagonisti di molte delle avanguardie artistiche di fine Ottocento, primi tra tutti dallo stesso *Impressionismo*. "La realtà" – asseriva in sostanza

---

[11] Cfr. Kern, 1988.

l'intellettuale francese – non consiste in immagini statiche; la macchina fotografica pretende di fermare il tempo, che nella realtà non potrà però mai essere arrestato. La macchina fotografica mette a fuoco. Ma nulla può essere realmente messo a fuoco nella realtà. L'occhio non è una lente e il cervello non è una macchina. L'impressione, in conclusione, è qualcosa che nessuna macchina fotografica potrà mai essere in grado di rappresentare.

Henry Bergson a sua volta renderà celebre, come è altrettanto noto, la distinzione tra l'esistenza vissuta come un "essere immersi" e coinvolti nel proprio vissuto e l'esistenza riferita al mondo concettualizzato in termini spazio-temporali. Bergson distinguerà così una cosiddetta *durée* (il corso interno della durata; il flusso molteplice, continuo e qualitativo del trascorrere e del divenire cui si riferirà anche William James), da un tempo oggettivo, strutturato, oggettivabile, uniforme, discontinuo e quantificabile.

Il modo stesso in cui facciamo esperienza del nostro "essere presenti", o il nostro modo di "essere immersi in un evento" (sia esso, ad esempio, una partita di calcio o un concerto) viene in sostanza modificato dall'azione stessa del fotografare o del filmare l'evento stesso.

5. L'Almanacco digitale

Nella storia più recente dei media italiani non è la prima volta che una tale funzione tecnologico-memoriale viene diffusa. "Accadde oggi" e "Memories" potrebbero ad esempio essere considerate, per molti versi, una sorta di trasposizione aggiornata, in forma digitale, di un celebre programma televisivo italiano dal titolo l'*Almanacco del giorno dopo*, prodotto e messo in onda dalla RAI a partire dal 1976 e andato avanti per circa un ventennio. Così come le funzioni "Accadde oggi" e "Memories" offrono attualmente agli utenti una selezione di contenuti (foto, video, post) legati ad una stessa data del passato, l'*Almanacco del giorno dopo* offriva ai telespettatori una serie di informazioni, curiosità e notizie legate anch'esse ad una specifica data già trascorsa. Entrambe le forme, quella televisiva e quella digitale, sembrano insomma svolgere una funzione simile: contribuire a plasmare la memoria individuale e collettiva, offrendo un punto di vista sul passato e stimolando riflessioni sul presente. Tuttavia, se ci soffermiamo più attentamente su alcuni dei loro aspetti caratterizzanti, possiamo notare delle differenze sostanziali.

Innanzitutto, la prima grande differenza la ritroviamo nella gestione dei contenuti: nell'almanacco televisivo, la selezione era curata da una squadra editoriale che discuteva e poi decideva quali informazioni includere e come presentarle. Nelle funzioni digitali, invece, una tale selezione viene affidata ad algoritmi che operano in base a criteri di rilevanza e personalizzazione totalmente automatizzati. Questo fenomeno, come già sottolineato, può portare a una forma di costruzione artificiale della memoria in cui i ricordi sono determinati esclusivamente da un software. Un'altra importante differenza la si ritrova poi nella cosiddetta "partecipazione attiva" degli utenti: mentre l'almanacco televisivo era un mezzo di comunicazione unidirezionale in cui gli spettatori ricevevano passivamente le informazioni, le funzioni digitali incoraggiano invece una partecipazione attiva degli utenti, che possono commentare, condividere e interagire con i contenuti proposti. Ciò contribuisce a creare un senso di *memoria collettiva* condivisa, come evidenziato nell'esempio di Francesca nell'introduzione. Una terza possibile differenza di rilievo, infine, la possiamo ritrovare nella "personalizzazione" dei ricordi: le funzioni digitali offrono un'esperienza personalizzata, adattando la selezione dei contenuti ai gusti e agli interessi di ciascun utente. L'almanacco televisivo, invece, offriva un'esperienza uguale per tutti gli utenti. Questo aspetto, se da un lato rende l'esperienza digitalizzata più coinvolgente, dall'altro tende alla formazione di vere e proprie "bolle" di memoria altamente individualizzate, in cui gli utenti sono esposti solo a contenuti che confermano la loro percezione particolare del passato.

Per concludere, dunque, potremmo mettere in rilievo attraverso questo breve e sintomatico confronto quanto le nuove tecnologie digitali partecipino di un più ampio processo di trasformazione tecnologica in cui è evidente la tendenza a trasformare il modo in cui accediamo e interagiamo con il passato in un senso sempre più frammentato e individualizzato. Le funzioni "Accadde oggi" e "Memories", pur se apparentemente eredi di un progetto simile a quello che aveva animato i fondatori del celebre "almanacco televisivo", sembrano testimoniare l'offerta di un genere di esperienza memoriale profondamente diversa, con implicazioni sociologiche significative sul modo in cui costruiamo la nostra memoria e la nostra identità nell'era digitale.

6. L'individualizzazione nell'era digitale

In base a tutto ciò che è stato descritto possiamo affermare che il processo storico di individualizzazione ereditato dalla prima modernità occidentale[12], si trovi in una fase di profonda trasformazione, influenzata in modo significativo delle nuove tecnologie digitali e da alcune conseguenze della loro ampia diffusione. L'individualizzazione, intesa come il progressivo distacco dal mondo naturale e dalle norme sociali tradizionali, ha portato come sappiamo all'emergere di un'identità personale caratterizzata dalla presenza di un forte senso di differenziazione, autonomia e unicità. Questo processo,

---

[12] Cfr. Elias, 1990.

120

profondamente influenzato dai movimenti secolarizzanti che hanno investito tutti i settori della nostra società, sembra attualmente attraversare una nuova fase, in cui il ruolo delle nuove tecnologie digitali sembrano giocare un ruolo certamente rilevante.

Volendo limitare il nostro discorso al parziale esempio oggetto del presente lavoro, le funzioni digitali di memoria, come "Accadde oggi" e "Memories", sembrano interagire con il processo di individualizzazione in modo piuttosto ambivalente.

Da un lato, esse potenziano la capacità dell'individuo di gestire e controllare la propria memoria individuale, soprattutto fornendo strumenti per selezionare, organizzare e condividere i ricordi personali. Questo aspetto sembra certamente rafforzare l'autonomia dell'individuo, consentendogli ad esempio di poter scegliere i criteri di selezione necessari ad elaborare una narrazione personale del passato e di condividerla con una comunità digitale.

D'altro canto, però, l'affidamento della memoria ad algoritmi e l'influenza crescente di questi ultimi nella selezione e presentazione dei ricordi sollevano al contempo parecchi interrogativi sulla reale autonomia dell'individuo nella costruzione della sua stessa memoria e sul senso di identità ad essa strettamente connessa.

L'individuo contemporaneo sembra quindi trovarsi di fronte ad una inedita sfida: quella di riuscire ad integrare la propria memoria individuale con la memoria collettiva digitale, mantenendo un ruolo attivo nella costruzione della propria identità. La capacità di gestire criticamente le informazioni digitali potrebbe diventare in tal senso sempre più importante per realizzare la sua autonomia e quel senso di unicità ereditato dalle generazioni immediatamente precedenti come uno dei più importanti valori da preservare.

Come già ricordato, oltre alla loro profonda influenza sulla memoria, le nuove tecnologie digitali interagiscono significativamente con il processo di individualizzazione anche attraverso la percezione dello spazio e del tempo. La digitalizzazione e la virtualizzazione della realtà contribuiscono a creare un'esperienza del mondo sempre più frammentata e de-territorializzata, in cui l'individuo si muove tra diverse identità e realtà, spesso fluide e mutevoli. Questo nuovo scenario pone nuove sfide all'individuo contemporaneo, che si trova a dover negoziare la propria identità in un contesto sociale e tecnologico in continua evoluzione.

In conclusione, la diffusione di queste nuove tecnologie ci pone di fronte a una sfida: imparare a gestire la memoria in un'epoca in cui essa è sempre più mediata dalla tecnologia. La consapevolezza del ruolo degli algoritmi, la capacità di integrare la memoria digitale con la memoria individuale e la riflessione sul diritto all'oblio saranno cruciali per preservare la complessità del nostro passato. Funzioni digitali come "Accadde Oggi" o "Memories", seppure apparentemente simili a forme di memoria collettiva del passato, offrono un'esperienza profondamente diversa. Solo attraverso una gestione critica delle informazioni e la consapevolezza del ruolo delle nuove tecnologie nell'ambito dei processi di memorizzazione sarà possibile preservare la complessità del nostro passato, garantendo che la tecnologia possa arricchire la nostra memoria senza al contempo diventarne l'unico arbitro.

Bibliografia

Cavicchia Scalamonti A. (2007), *La morte. Quattro variazioni sul tema*, Ipermedium libri, Napoli.

Elias N. (1987), *La società degli individui*, Il Mulino, Bologna 1990.

Havelock E. A. (1986), *La musa impara a scrivere. Riflessioni sull'oralità e l'alfabetismo*, Laterza, Roma-Bari 1995.

Kern S. (1983), *Il tempo e lo spazio. La percezione del mondo tra Otto e Novecento*, Il Mulino, Bologna, 1988.

McLuhan M. (1962), *Galassia Gutenberg*, Armando, Roma, 1976.

Nicolosi G. (2024), *Media e memoria. Lineamenti di un nuovo culto del digitale*, EditPress, Firenze.

Platone (1967), *Opere*, vol. I, Laterza, Bari.

Popper K. (1972), *Conoscenza oggettiva. Un punto di vista evoluzionista*, Armando, Roma 1975.

Spitzer M. (2012), *Demenza digitale. Come la nuova tecnologia ci rende stupidi*, Garzanti, Milano 2013.

Spitzer M. (2018), *Emergenza smartphone. I pericoli per la salute*, Garzanti, Milano 2019.

Turkle S. (2011), *Insieme ma soli. Perché ci aspettiamo sempre di più dalle tecnologie e sempre meno dagli altri*, Einaudi, Torino 2019.

Il machine learning nella tuta di Spider-man

Valerio Pellegrini

1. Le affinità operative tra Spider-Man e il suo assistente vocale

Nella recente reinterpretazione del Marvel Cinematic Universe, il costume rosso e blu dell'Uomo Ragno non è più una semplice maschera né un mero accessorio superomistico, come lo era negli anni Sessanta, quando venne disegnato da Steve Ditko e introdotto strategicamente da Stan Lee in sceneggiature ricche di dilemmi identitari (Ditko, Lee, 2016). Il costume di Spider-Man è diventato un dispositivo che offre al suo fruitore analisi, misurazioni e soccorso decisionale. Una sofisticata integrazione software-hardware che riempie di sensori il corpo umano e si dispone a raccoglierne qualsiasi infinitesimale variazione di stato (fisico o mentale) per poi rielaborarla attraverso gli algoritmi di apprendimento automatico (*machine learning*). Questa e altre inclusioni tecno-biologiche offerte dalla fantascienza contemporanea riflettono sulle implicazioni sociali e biopolitiche della contemporanea diffusione di *wearable device* e di visori per la realtà aumentata nel cuore dell'attuale elettronica di consumo.

Melanie Swan (2013) ha definito *"quantified self"* una tendenza sociale che consiste nel definire l'identità con numeri e misurazioni, evidenziando in particolare la volontarietà con la quale l'individuo si impegna "nell'auto-tracciamento di qualsiasi tipo di informazione biologica, fisica, comportamentale, ambientale". La ricercatrice ha sottolineato come il *quantified self* stia evolvendo verso il *"qualified self"*, perché il monitoraggio continuo dell'attività di un individuo offre incroci tra i suoi dati fisiologici oggettivi e le espressioni soggettive prodotte dal suo stato psicologico. La necessità industriale di sincronizzare il corpo con la mente e gli individui con le banche dati eleva l'indicizzazione numerica a nuova categoria esistenziale.

Nel film *Spider-Man: Homecoming* (Watts, 2017), Karen è un'intelligenza artificiale integrata nel sofisticato costume da supereroe che Tony Stark (Iron Man) progetta per Peter Parker (Spider-Man). Con il nuovo costume di Spider-Man, la macchina perde la pesantezza materiale del robot e, come fanno gli odierni dispositivi *wearable* quali *smartwatch*, auricolari, occhiali e visori, tende alla miniaturizzazione e all'invisibilità. Il corpo dell'utente entra in relazione-interazione diretta con il quadro comandi digitalizzato mentre l'assistente vocale funge da filtro in un cyberspazio intermedio tra la coscienza, il dispositivo e i dati immagazzinati altrove.

La tuta (inizialmente chiamata "Lady Costume" da Peter) si esprime attraverso un sofisticato *chatbot*, un'avanzata interfaccia di interazione vocale. Ma nei primi dialoghi tra Peter e Lady Costume non si percepisce affatto una sudditanza passiva della macchina: i comandi vocali del ragazzo potrebbero attivare un'ampia gamma di gadget, tra cui anche armi letali. In quanto software di intelligenza artificiale, Karen conversa con Peter per comprendere meglio il contesto e le reali necessità.

L'obiettivo di quasi tutti i progetti scientifici o commerciali basati sui *big data* è la ricerca di un'eccezione rispetto a un modello, così da ipotizzare uno scarto dalla media, un possibile cambiamento o una correlazione nascosta. La raccolta di dati fisiologici come passi, temperatura corporea e ritmi sonno-veglia permette all'intelligenza artificiale di costruire relazioni tra grandi quantità di informazioni, identificando e offrendo agli umani connessioni inaspettate tra variabili. Integrando misurazioni fisiologiche con anagrafiche, profili culturali ed esternazioni rilasciate nelle reti digitali è possibile definire modelli comportamentali con una precisione crescente. Così il paradigma del *machine learning* spinge le macchine a imparare dall'errore in un'alternanza di ordine e caos, routine ed eccezioni, imparando a filtrare falsi positivi, a ripulire il segnale dal rumore. Sistemi digitali di raccomandazione e assistenti vocali giocano un ruolo di primo piano nello sviluppo delle intelligenze artificiali perché, dal punto di vista degli umani, costituiscono la facciata di una coevoluzione che si basa su influenze reciproche.

Il film *Spider-Man: Homecoming* presenta prevedibilmente una fase di addestramento alle funzioni della tuta. La voce di Lady Costume si rivela per la prima volta solo nel momento in cui Peter supera un "rigoroso protocollo triciclo" che, nelle intenzioni di Tony Stark, doveva essere una sorta di test propedeutico alla piena operatività del costume. Spider-Man comincia a forzare le regole imposte dal suo mentore e a familiarizzare con le numerose opzioni dello spara-ragnatele. Il "ripasso" offerto da Karen illustra a Peter funzioni quali la "modalità ricognizione potenziata" che consente di ascoltare persone a grandi distanze e la famigerata "uccisione istantanea" che promette attacchi mirati con droni assassini offerti dalle Stark Industries. Grazie a Karen, Peter Parker e la tuta ipertecnologica formano un'entità ibrida che unisce le capacità auto-organizzative del corpo biologico (a sua volta ibrido uomo-ragno) e le potenzialità computazionali di un centro di calcolo. Un essere post-umano, sempre connesso, che si adatta all'ambiente, analizza e prevede scenari complessi, il tutto a velocità straordinarie grazie all'intelligenza artificiale e al "senso di ragno".

Ma il lavoro di Karen non è sempre neutrale. Più avanti nel corso dell'avventura Karen attiverà, per conto di un inconsapevole Spider-Man, un piccolo ragno-drone da ricognizione celato nel tradizionale simbolo ragnesco posto al centro del torace. Il prodotto, che parla e anticipa desideri, sembra definire uno stadio avanzato nel rapporto tra uomini e consumo (Carmagnola, Ferraresi, 1999). È il sogno di una merce talmente evoluta da evocare poteri magici: prodotto e consumatore entrano in una dimensione esistenziale in cui il prodotto stesso potrebbe liberarsi dal "fardello" del valore d'uso e diventare un naturale complemento del consumatore in ogni momento del quotidiano. L'umano tende a delegare alle macchine compiti e responsabilità tradizionalmente insiti nell'esperienza e si ritrova coccolato da assistenti vocali dalla voce suadente e dai nomi esotici come Siri o Alexa. Parafrasando Michel Foucault (1994), i dispositivi hanno raggiunto un tale grado di usabilità e di perfezione ergonomica da essere in grado di produrre il soggetto che li usa (Foucault, 1994). Ma il raggio d'azione dell'individuo, apparentemente accresciuto, resta comunque confinato nel perimetro operativo del dispositivo e della società che lo ha prodotto. L'agire digitale resta coordinato con il capitalismo contemporaneo e il dispositivo dirige il traffico dei comportamenti individuali in reticoli informativi sempre più tracciabili.

La relazione tra Spider-Man, Lady Costume e l'industriale Stark appare più complessa della semplice operatività spettacolare in un film d'azione. Il capo delle Stark Industries è un uomo del metallo e del silicio il cui potere non nasce da una mutazione biologica. Il giovane Parker diventa, senza volerlo, un ibrido tutto biologico tra un umano e un animale, un insetto kafkiano che è cavia-vittima della ricerca scientifica e delle circostanze. Stark non sembra aver tempo da perdere con le metamorfosi o con altre questioni identitarie *in itinere*. Il rapporto tra Peter e Tony riflette la dialettica contemporanea giovane/adulto rispetto all'uso delle tecnologie digitali. A misurarsi sono due soggetti di età diverse ma entrambi perfettamente in sintonia con il momento tecnologico. In *Spider-Man: Homecoming* il capo delle Stark Industries non ha niente del povero zio Ben, il primo mentore di Spider-Man, il tradizionale pilastro etico del fumetto di Stan Lee che qui viene spazzato via dalle esigenze del MCU. Significativa una gag con lo zio Ben nel film *Spider-Man*, diretto da Sam Raimi e scritto da David Koepp nel 2002: l'anziano (interpretato da Cliff Robertson) che, con sua moglie May, aveva accolto e allevato Peter, si trova sul lastrico e cerca lavoro su un giornale.

> - Ecco gli annunci di lavoro, vediamo cosa c'è. Computer. Venditore di computer, tecnici di computer, analista di computer... Oddio perfino i computer hanno bisogno dell'analista oggigiorno.

Il capitalismo incalza: per Peter ci vuole un mentore che viva al di qua della frontiera informatica e non un povero ex-elettricista incapace di adeguarsi al cambiamento tecnologico. Lo zio Tony è l'esatto contrario del povero zio Ben vittima del *digital divide*: mette addosso al quindicenne Peter Parker un'avveniristica tuta *hi-tech* (da lui in parte progettata), possibile arma letale. Stark è un padre un po' incosciente che getta frettolosamente Peter nella mischia delle lusinghe e delle sfide del mercato tecnologico.

Dare un nome e umanizzare la macchina sembra un passo obbligato per rendere abitabile il cyberspazio raccontato dall'immaginario del MCU. Dapprima Peter sceglie "Lady Costume" ma poi opta per un più breve Karen, a perfezionare l'immediatezza della chiamata dell'assistente vocale. La merce seduce e si installa nelle vite delle persone attraverso due passaggi: l'assistente computerizzato accompagna in una curva di apprendimento mentre, in parallelo, memorizza e apprende gusti, priorità, pattern comportamentali. La narrativa sulle intelligenze artificiali ci mostra spesso come l'addestramento delle macchine corra parallelo alle prospettive cognitive degli umani. In *Spider-Man: Homecoming* c'è una scena in cui Spider-Man salva Liz, la ragazza di cui Peter è invaghito. Karen, quasi incurante della pericolosità del contesto, sembra essere diventata uno spettatore partecipante. Cogliendo uno strano attimo di vicinanza tra il ragazzo e la ragazza nel bel mezzo dell'azione, il computer suggerisce: "È la tua occasione Peter, baciala". Nel delirio del cortocircuito fiaba/commedia/*action*, c'è l'apparente follia di una macchina che irrompe in scena reclamando il ruolo di confidente o comunque custode della coscienza di un adolescente in tempesta ormonale.

I dispositivi stanno imparando a conoscere i propri utenti, ad anticiparne i desideri individuando tracciati neurali e forgiando algoritmi. L'intelligenza artificiale nella tuta di Spider-Man mostra il trionfo del *machine learning* ovvero delle macchine che imparano e crescono insieme all'utente.

2. Animali contro il *digital divide*

I miglioramenti tecnologici del costume si integrano con i potenziamenti biologici dell'eroe. L'amichevole ragno umano rappresenta da decenni la bandiera del supereroismo problematico e mutante dei fumetti Marvel. Il riferimento al ragno riflette una tradizione narrativa che connette corpi umani e animali, evidenziando l'efficacia di questi ultimi nel controllo sull'ambiente. Un terreno sul quale l'umano sente forse di aver ceduto il passo: la civilizzazione lo ha sganciato da una catena alimentare basata sulla dialettica preda/predatore (sebbene permangano comportamenti mimetici). L'elemento animale

129

sembra dunque completare o amplificare la vita organica nel suo dialogo sempre più fitto con il regime inorganico dei dispositivi tecnologici. Soprattutto sul piano delle abilità sensoriali. Nelle intenzioni dei creatori Ditko e Lee, il famoso incidente radioattivo all'origine dei poteri dell'Uomo Ragno richiama una dimensione tecno-scientifica centrale nel dibattito pubblico dal dopoguerra in poi. Più di mezzo secolo di supereroi tra fumetti, cinema e videogiochi ha avvicinato le persone alla scienza, normalizzando scenari una volta fantascientifici, come interagire con computer tramite la voce. Curiosamente, già negli anni Sessanta, la serie tv *Star Trek* anticipava questa interfaccia mostrando l'astronave Enterprise governata da un computer dalla voce femminile.

Il dialogo scienza/fantascienza si radica nell'immaginario novecentesco assegnando un posto importante all'ironia e alla parodia in una continua rincorsa tra "fantasia scientifica" e "scienza fantasiosa" (Giovannoli, 2015). Sin dalle origini della testata fumettistica *The Amazing Spider-Man*, il passaggio scuola-lavoro del giovane Peter Parker si intreccia con ingegneri e scienziati. L'Avvoltoio, Lizard, Goblin, il Dr. Otto Octavius detto Octopus: il mondo degli adulti si apre al giovane Parker con una galleria di brillanti professionisti caduti in disgrazia e spesso preda di folli visioni di rivalsa.

Con il passaggio all'età adulta, l'eroe adolescente incorpora le nevrosi delle identità multiple imposte dalla società. In questo senso il *villain* L'Avvoltoio in *Spider-Man: Homecoming* gioca un ruolo speculare a quello dell'eroe: condivide lo stesso straniamento-alienazione imposto dalla maschera e dalle esigenze mimetiche imposte dalla giungla. Ma Adrian Toomes è anche un padre di famiglia e un piccolo imprenditore e mostra un senso di responsabilità verso amici e famiglia simile a quello di Peter. L'ingegnere-elettricista (interpretato da Michael Keaton) si trasforma in rapace predatore per forzare un patto sociale che percepisce come ingiusto. L'uomo dietro L'Avvoltoio si presenta con il suo atteggiamento schietto da *working class* e la camicia a quadroni, mentre accompagna in auto sua figlia Liz e Peter Parker a una festa. Fermi al semaforo, il criminale scandaglia Peter facendogli delle domande. Intuisce la sua identità segreta. Un gioco di luci di colore verde e rosso proveniente dal semaforo rafforza l'idea di un limite che sta per essere scavalcato dall'animale in agguato. Fatta uscire dall'auto Liz, L'Avvoltoio guarda Peter impugnando una pistola e minacciando di morte la famiglia del suo avversario. Ecco la vertigine della doppia identità Marvel: eroi e *villain* attingono alla stessa fonte del "grande potere" per piegare l'ambiente e la realtà. Hanno le stesse "responsabilità" ma poi ciascuno di essi pretende di mantenere intatta la propria cerchia sociale e finisce col prestarsi a un gioco squisitamente sociale di maschere e mimetismo.

Spider-Man, più vicino a Franz Kafka che al superuomo nietzschiano, utilizza la maschera per confondersi nell'ordinarietà e per proteggere la propria privacy. Tuttavia, è proprio il suo costume e l'origine dei suoi poteri a rendere fragile questa riservatezza, in un contesto dominato dal capitalismo della sorveglianza (Zuboff, 2023), trionfo di tecnologie che raccolgono dati e informazioni.

Circostanze economiche e strategie produttive hanno condotto proprio Spider-Man al centro dell'attenzione cinematografica. Con il film *Spider-Man: Homecoming*, l'eroe entra in *pompa magna* nel MCU sostenuto dalla Disney, potente multinazionale dell'immaginazione. L'amichevole ragnetto di quartiere viene accolto da una epifania tecnologica orchestrata dall'imprenditore Stark. La tuta *hi-tech* appare come il vertice più avanzato della civilizzazione informatica. Tra l'altro questa rinnovata centralità di Spider-Man rientra nell'ambito di un più generale dialogo transmediale con una serie di videogiochi molto popolari prodotti da Sony e sviluppati dalla *software house* Insomniac Games. L'uomo-ragno ipertecnologico proposto al cinema sembra in perfetta continuità con quei titoli videoludici che presentano come principale attrazione il volteggio tra i grattacieli, rappresentando con cura la frenesia e la vertigine del volo in uno spazio tridimensionale simulato con grande fotorealismo. Le pulsioni videoludiche si associano bene alle scene di volo presenti nei film del MCU tra computer grafica e dettagli *live-action*. Il giocatore sorvola lo spazio urbano e tutte le sue contraddizioni che spesso affiorano assumendo forme animali speculari a quelle del ragno ipertecnologico. Il *villain* Rhino ad esempio: nella sua apparizione nel videogioco *Spider-Man: Miles Morales* (Insomniac Games, 2020) è un gigantesco energumeno con costume e modi che ricordano un rinoceronte potenziato dalla tecnologia. Elementi animali e tecnologici sottolineano anatomie ibride e zoomorfismo, come nel caso de L'Avvoltoio in *Spider-Man: Homecoming*. Il polo uomo/animale è funzionale a una egemonia sensoriale sull'ambiente che viene continuamente esaltata nel *gameplay* di Insomniac, soprattutto quando riprende e amplifica un aspetto tipico dei videogiochi d'azione: le scene di combattimento sono punteggiate da brevi inserti *slow-motion* che sanciscono la consistenza del controllo sul territorio. Nell'interfaccia grafica che governa la tuta dello Spider-Man videoludico c'è affinità tra *homo arachnoides* e *homo ludens* sotto l'egida del digitale: due corone piene di icone si sovrappongono alle mani in realtà aumentata e suggeriscono da un lato il bisogno di occhi aggiuntivi (nei ragni di solito la visione è garantita da otto ocelli) e dall'altro ricordano la ricca pulsantiera di un *joypad* (non meno di otto pulsanti, oltre alle due levette). Stratificazioni visive molto simili vi sono anche nelle interfacce mostrate nel film *Spider-Man: Homecoming*. Giocando con metafore e gag, tra cinema e videogiochi, l'ibrido uomo-ragno-computer esplora limiti e potenzialità dell'umano assumendo la soggettiva psicologica di un adolescente. Quel giovane che impara giocando è anche una metafora che rappresenta tutto il genere umano intento ad affrontare una fase di profondi cambiamenti dettati dalla tecnologia sia sul piano del corpo sia su quello dell'intelletto.

Come le liane e gli alberi di Tarzan nella giungla, o come i rampini di Batman, analogamente le ragnatele e gli affioramenti di cemento e acciaio diventano per Spider-Man un habitat che può essere sfruttato per difendersi o attaccare. L'uomo-ragno (così come l'uomo-scimmia e come l'uomo-pipistrello) raccoglie quella fascinazione antropologicamente persistente nei confronti dell'"anima" posta al centro della parola "animale". Religioni e narrazioni sottolineano con forza la presenza di una "anima" come specificità dell'umano. Si tratta di una presenza eterea, metaforica, intangibile (dal greco "anemos" ovvero soffio o vento) che accompagna i viventi del regno animale dal primo vagito fino all'ultimo respiro. L'arcaica e lontanissima comunanza con il mondo animale è avvertita come "sostrato su cui interviene il bisturi culturale, per correggere, indirizzare, annullare o enfatizzare una particolare disposizione della natura" (Marchesini, Andersen, 2003).

Sembra che gli esseri umani vogliano preservare gelosamente questa "anima", tanto più quanto la civilizzazione li allontana dalle origini descritte da Charles Darwin, il quale, con la teoria dell'ascendenza comune, ha inequivocabilmente avvicinato uomo e animale. Nelle narrazioni l'animale è spesso una controparte simbolica dell'*homo sapiens*, qualificando l'umano per differenza (in negativo o in positivo). Ma non è solo una questione psicologica o simbolica: a ben vedere la scienza ha preso e continua a prendere molto dal corpo degli animali o da parti anatomiche di essi. Sin dai tempi delle macchine volanti pensate da Leonardo Da Vinci, gli animali sono stati spesso modelli per la costruzione di doppi macchinici e biomeccanoidi. I parallelismi tra l'anatomia dell'occhio umano e il funzionamento della macchina fotografica sono perfetti per compendiare l'attenzione dei ricercatori nei confronti degli artefatti prodotti dall'evoluzione biologica. L'occhio umano è un obiettivo formato da due lenti (cornea e cristallino) con un diaframma tra di esse (iride). Dietro l'occhio elettronico vi sono un sensore (retina), un cavo di collegamento (nervo ottico) e un centro di elaborazione dei segnali (cervello). Non a caso quando in *Spider-Man: Homecoming* Peter (o chiunque sia nella tuta) muove gli occhi, dall'esterno della maschera si ha la sensazione che l'individuo metta a fuoco qualcosa o che esprima uno stato d'animo. Sensazione veicolata dall'espressività cartoonistica di grandi occhi inumani. Questi movimenti sono accompagnati da suoni chiaramente mutuati da quelli di una tradizionale fotocamera meccanica. I sempre più frequenti intrecci tra l'umano e l'inorganico dei metalli, della plastica, del silicio stanno complicando il primato intellettivo degli umani di origine biologica.

L'elemento aracnoide in Spider-Man (analogamente al rapporto con i pipistrelli in Batman) presenta delle specificità interessanti sul piano sensoriale: il senso di ragno e l'originalità degli organi preposti alla visione dell'eroe spostano il focus sull'importanza della percezione. Al ribrezzo iniziale verso l'alterità assoluta del ragno con i suoi tanti ocelli al posto degli occhi segue la consapevolezza che quegli insetti "mostruosi" hanno un perimetro percettivo molto più ampio di quello umano. Spesso nei film di Spider-Man vi sono pittoreschi raccordi di montaggio che associano gli ocelli rageschi alle ottiche delle videocamere. Del resto la questione della percezione è cruciale nell'attuale dibattito pubblico sulla matrice della realtà (o delle realtà) resa problematica dalle tecnologie per comunicare e dalle bolle di informazione (Pariser, 2011) che vanno frammentando l'immaginario.

Lo scopo ultimo delle macchine non è quello di imitare alla perfezione la percezione offerta dal corpo biologico ma quella di migliorare e ampliare il campo del percepibile. Il battito cardiaco e la pressione sanguigna, ad esempio, sono parametri che sfuggono a una percezione puntuale da parte del cervello umano. Si tratta dunque di basi percettive totalmente inedite garantite solo dagli strumenti di misurazione tecnologici.

3. Dialogando con il fantasma nella conchiglia

Grazie al protocollo "Baby monitor" voluto da Tony Stark, il nuovo costume di Spider-Man registra tutto ciò che vede l'utente. Il rapporto tra Spider-Man e il suo costume mette in scena in molti modi la quantificazione del sé attraverso la tecnologia ma anche la presenza di silenziosi e discreti dispositivi per registrare memorie. Il dispositivo unifica le funzioni percettive e mnemoniche mimando *smart glasses* e visori per la realtà aumentata che stanno cominciando a entrare nell'elettronica di consumo. Il supporto tecnologico diventa un arbitro non solo nel distinguere il segnale dal rumore, ma anche nel selezionare le memorie significative. Nel definire il *self* digitalizzato non vi è dunque il monitoraggio del momento vivente: vi è un territorio con importanti ripercussioni sul piano emotivo costituito dalle esperienze dirette che si trasformano in ricordi.

In *Spider-Man: Homecoming*, Peter confessa la sua cotta per Liz a Karen e Karen ne terrà conto nel corso dell'avventura. Una delle caratteristiche più evidenti dei *chatbot* con intelligenza artificiale è la capacità di avviare e tenere conversazioni. Rispetto a più tradizionali strumenti di navigazione digitale quali i *browser* e i motori di ricerca, i *chatbot* più evoluti mantengono il filo di un discorso tenendo traccia di quanto detto in precedenza dall'utente, contestualizzando ogni nuovo scambio. Lady Costume è protagonista di un processo di *machine learning* basato non solo su ciò che avviene nel contesto ambientale ma anche sulle stimolazioni provenienti dall'interiorità di Peter. Karen entra nella vita di Peter e sembra poterne condizionare percezione, memorie, decisioni. Proprio come farebbe una buona amica e confidente.

I dati utilizzati per addestrare i modelli di intelligenza artificiale vengono generati dagli utenti e restituiti agli utenti sotto forma di influenze più o meno forti, dando vita a un ciclo continuo che alimenta ulteriori produzioni di dati e comportamenti. Le memorie registrate dalle macchine possono svolgere un ruolo fondamentale nel ciclo di influenze reciproche umano-algoritmo perché, sebbene trasportabili anche dalla coscienza umana, i ricordi non possono essere tenuti sempre in primo piano nella vita mentale. Il richiamo "non intenzionale" al passato proveniente dal livello subcosciente può essere gestito con l'aiuto delle macchine in tempi e modi completamente diversi rispetto alle normali funzioni cognitive e mnemoniche del cervello biologico.

Accanto alla registrazione audiovisiva del vissuto, l'elettronica contemporanea apre dunque continuamente nuove frontiere in ordine alla digitalizzazione del corpo e della mente. Biosensori sempre più avanzati puntano a rilevare o pronosticare la carica emotiva, positiva o negativa, di un'esperienza. Esistono dispositivi in grado di registrare l'attività neurale grezza rendendo possibile una complessa rete di connessioni tra dati fisiologici, comportamenti inconsci e coscienza. *Es*, Io e Super-Io (Freud, 2015) *prêt-à-porter* per l'industria degli algoritmi. Per Nita Farahany (2024), biologa specializzata in questioni bioetiche, l'ingresso delle neurotecnologie nell'elettronica di consumo potrebbe decretare la fine assoluta della privacy e l'avvento di un cervello che mette il "connettoma funzionale" (le connessioni fisiche all'interno del cervello di un individuo) totalmente a disposizione della scrittura di una collettività algoritmica. Con la connettività e le reti digitali, gli umani stanno imparando a trascendere i limiti della coscienza individuale. Eppure proprio quella connettività apre domande sulle differenze tra mente individuale e mente collettiva, tra vita interiore e vita pubblica.

Il progressivo avvicinamento dell'elettronica di consumo al cervello umano in quanto sede della coscienza, sta trasformando il rapporto tra tecnologia e società sia sul piano collettivo che su quello delle scelte individuali. La protagonista del lungometraggio animato *Ghost in the Shell* di Mamoru Oshii (1995) è caratterizzata da un cervello biologico in un corpo totalmente artificiale. La metafora del "fantasma nella conchiglia" allude senz'altro alla corazza dei reparti antisommossa delle forze dell'ordine ma anche alla coscienza contenuta dal corpo. (Qui la parola "conchiglia", in inglese "shell", indica anche il componente software per le righe di comando nei computer.) Non importa se il corpo è biologico o meccanico. Nel manga e nel film, il discorso sull'essenza specifica dell'essere umano viene accostato spesso al concetto di memoria come pilastro delle identità in un mondo in cui aziende *hi-tech* e governi possono esercitare un controllo biopolitico senza precedenti. Il fantasma della memoria presentato da *Ghost in the Shell* resta comunque ambiguo perché a sua volta passibile di manipolazioni, esattamente come il corpo. Il costume di Spider-Man e l'utilizzo nel quotidiano di *wearable* e assistenti vocali mostra come la simbiosi fantasma/conchiglia necessiti di un continuo dialogo tra i due poli organico e inorganico ai fini di una conoscenza reciproca (o di una sorveglianza reciproca).

Il dialogo tra la coscienza e i dispositivi resta centrale nell'analisi degli attuali processi di individuazione. L'immaginario prende alla lettera questa centralità della modalità dialogica mettendola al centro di infinite narrazioni sull'intelligenza artificiale. Una serie di conversazioni con un'intelligenza artificiale porta Theodore Twombly ad innamorarsi del suo *personal computer* nel film *Lei* di Spike Jonze (2013). Il rapporto sentimentale è talmente speciale che Theodore si sente irrimediabilmente tradito quando scopre di essere solo uno degli 8.316 individui contemporaneamente in conversazione con la voce dell'assistente vocale chiamata Samantha. Più precisamente uno dei 641 utenti che l'intelligenza artificiale ha scoperto di amare.

Il dibattito scientifico ha già da tempo liquidato le domande sulla possibile umanità delle macchine in quanto mere proiezioni antropomorfizzate figlie di un auto-inganno (Natale, 2022). Ma, come aveva intuito Alan Turing alla metà del Novecento con il suo famoso e provocatorio test per riconoscere l'intelligenza in una macchina (Turing, 1994), il senso comune ha bisogno di metafore efficaci per comprendere l'oggetto di un campo di studi dai confini ancora oggi incerti. Ecco perché resta ancora rilevante la modalità dialogica negli approcci scientifici e narrativi al concetto di intelligenza artificiale. In *Westworld* (Joy, Nolan, 2016-2022) ad esempio: una delle narrazioni più popolari sulle intelligenze artificiali è punteggiata da conversazioni (tra umani e macchine, ma talvolta anche tra macchine e macchine) a metà tra la seduta psicoanalitica (con tanto di interpretazione dei sogni) e la diagnostica ingegneristica.

Oltre a questo esempio Emanuela Piga Bruni rileva nella fantascienza numerosi altri dialoghi sospesi "tra paradigma indiziario e seduta psicoanalitica" in cui la "creatura artificiale" è "nei panni del paziente/indiziato" (Piga Bruni, 2023).

Accostando "mente artificiale" e "inconscio collettivo" a proposito del processo di individuazione si apre un fronte culturale che mette in parallelo i destini di umani e macchine. Il saggio di Piga Bruni rilancia il paradigma indiziario prospettato da Carlo Ginzburg sottolineando come la metafora degli interrogatori processuali si rifletta in narrazioni attente allo studio dei piccoli gesti inconsapevoli. Dettagli apparentemente insignificanti ma rivelatori. La registrazione del vissuto in forma audiovisiva e il tracciato dell'encefalogramma offerto dalla prossima generazione di dispositivi *wearable* puntano a decodificare il linguaggio non cosciente del corpo per aggirare le contraddizioni insite nell'applicare metodi quantitativi (*quantified self*) al tracciamento di fenomeni qualitativi (*qualified self*) come l'umore e la felicità.

Mentre le macchine studiano il "linguaggio naturale" nelle conversazioni per poter servire meglio gli umani, gli umani utilizzano quelle stesse conversazioni per comprendere meglio le macchine. Dialoghi che si ispirano al Test di Turing sono anche nelle ultime battute di Hal 9000 in *2001: Odissea nello spazio* (Kubrick, 1968) e negli interrogatori organizzati dai cacciatori di androidi in *Blade Runner* (Scott, 1982). Conversazioni che mettono in scena il bisogno di sondare il rimosso, il non detto, l'inconscio. Ma quale inconscio? Quello della macchina, quello del singolo umano oppure quello dell'umanità intera?

Al giovane Peter Parker che dialoga col suo costume non interessa minimamente la natura artificiale di Karen. Vuole solo chiacchierare con un'amica e magari ricevere qualche buon consiglio nella sua epica quotidiana di studente ai primi amori. Ai replicanti in *Blade Runner* non interessa quanto siano fittizie le loro memorie. Custodiscono gelosamente fotografie cartacee fornite dal creatore come ancoraggio emotivo a testimoniare una vita mai realmente vissuta. Ricordi impiantati che esigono una presenza materiale per transitare quanto più spesso possibile nel primo piano nella coscienza e per qualificare chi ricorda come individuo distinto nelle immense praterie dei *big data*.

Vivere con le macchine per percepire, ricordare, comunicare e ora anche pensare, rende sfumati e forse anche anacronistici i confini tra realtà, identità e immaginazione. Tutto sembra passibile di manipolazione. Ma l'alterazione del passato nei ricordi non è forse una caratteristica della memoria umana? Le aspettative e la speranza in qualcosa non sono forse allucinazioni individuali che alterano la realtà oggettiva? Quale registrazione è più fedele, quella conservata e manutenuta dal cervello biologico o quella digitale? In *Lei*, la saggia Samantha ricorda a Theodore che "il passato è solo una storia che raccontiamo a noi stessi". Theodore in quanto individuo è davvero così diverso da Samantha? Il "fantasma" di una persona è un'entità realmente individualizzata o è piuttosto il fantasma di una profilazione di massa?

Le narrazioni che fanno largo uso di *chatbot* o di conversazioni umano-macchina sono un saggio di come gli umani provano a sondare la nuova frontiera psico-sociale che si apre. Le macchine e l'immaginario tendono a lavorare sull'individuo mettendo quest'ultimo al centro dell'interrogatorio alla ricerca del rimosso e del fantasma.

L'immaginario *cyberpunk* di *Blade Runner* e *Ghost in the Shell* cresce e si sviluppa all'alba della civilizzazione informatica. Nella fantasia di Philip K. Dick (suo il racconto a cui si ispira il film di Scott) il cacciatore di androidi ha bisogno di un interrogatorio per individuare una coscienza artificiale. Ma la sorpresa di fronte ai corpi *cyborg* e lo stupore provocato da replicanti che vogliono conservare fotografie appare oggi un po' superata nel momento in cui è chiaro il processo in atto di digitalizzazione di ogni cosa, compreso il subconscio. Lo *sharing* digitale parossistico, l'ingenuità di Theodore Twombly e la disinvoltura con cui il giovane Peter si confessa con Karen, insinuano dubbi sulla possibilità che in futuro possano ancora esistere persone che desiderano essere autonomi (ovvero sganciarsi dalle tecnologie) nel coltivare la propria interiorità emotiva. Perché, a quanto pare, l'umano che cerca risposte esistenziali è disposto a rinunciare alla privacy per ottenerle. Le ha sempre cercate nell'Altro generico, nei miti e nelle narrazioni. Ora comincia a cercarle in *chatbot* come Karen, assimilabili a una voce interiore che amalgama esperienze dirette, narrazioni e saperi collettivi filtrati dalle intelligenze artificiali.

Bibliografia

Carmagnola F., Mauro Ferraresi M. (1999), *Merci di Culto*, Castelvecchi, Roma.

Ditko S., Lee S. (2016), *Marvel Masterworks Spider-Man 1*, Panini Comics, Modena.

Farahany N. (2023), *Difendere il nostro cervello. La libertà di pensiero nell'era delle neurotecnologie*, Bollati Boringhieri, Milano, 2024.

Foucault M. (1994), *Dits et Écrits 1954-1988, Tome III: 1976-1979*, Gallimard, Parigi.

Freud S. (2015), *L'Io e l'Es. Inibizione, sintomo e angoscia*, Newton Compton, Roma.

Giovannoli R. (2015), *La scienza della fantascienza*, Bompiani, Milano.

Marchesini R. (2003), in Roberto Marchesini e Karin Andersen, *Animal Appeal. Uno studio sul teriomorfismo*, Hybris, Bologna.

Natale S. (2022), *Macchine ingannevoli. Comunicazione, tecnologia, intelligenza artificiale*, Einaudi, Torino.

Piga Bruni E. (2023), *La macchina fragile. L'inconscio artificiale fra letteratura, cinema e televisione*, Carocci, Roma.
Turing A. (1994), *Intelligenza meccanica*, Bollati Boringhieri, Milano.
Pariser E. (2011), *Il filtro*, il Saggiatore, Milano, 2012.
Zuboff S. (2019), *Il capitalismo della sorveglianza. Il futuro dell'umanità nell'era dei nuovi poteri*, Luiss University Press, Roma, 2023.

Videografia
2001: Odissea nello spazio, di Stanley Kubrick, Usa, 1968.
Blade Runner, di Ridley Scott, Usa, 1992.
Ghost in the Shell, di Mamoru Oshii, Giappone/Gran Bretagna, 1995.
Lei, di Spike Jonze, Usa, 2013.
Spider-Man, di Sam Raimi, Usa, 2002.
Spider-Man: Homecoming, di Jon Watts, Usa, 2017.
Spider-Man: Miles Morales, di Insomniac Games, Usa, 2020.

Cyberpunk 2077: Il gioco dell'immortalità

Luigi Somma, Giulia Pellegrino[13]

0. Introduzione

Il contributo mira ad analizzare le implicazioni connesse al superamento della corporeità tramite l'avanzamento della tecnologia e al concetto di immortalità in riferimento allo sviluppo dell'IA nelle prospettive individuate nel videogioco della *software house* polacca *CD Project Red*: *Cyberpunk 2077*. Analizzerà la maniera peculiare in cui il *cyberpunk* è declinato nel prodotto videoludico in esame, tenendo conto delle specificità del *medium*, i suoi legami con la matrice letteraria e le sue implicazioni sociologiche in termini di superamento del concetto di morte fisica, di «eternità decomposta» (Bauman, 2012) e di frammentazione dell'identità.

Descriverà le pratiche ludiche e la forte valenza socioculturale che le contraddistingue calando il videogioco nella postmodernità.

1. *Cyberpunk 2077*, la tecnologia e il sogno dell'immortalità

Il cyberpunk nasce come movimento letterario in America negli anni Ottanta, voce di una controcultura che si avvale di un immaginario connesso a futuri distopici, estetica punk e grandi ambienti urbanizzati, in cui il collasso della società produce scenari di desolazione e degrado, fino ad evolvere

---

[13] I due autori hanno concepito unitariamente il testo. I paragrafi 1 e 4 sono stati scritti da Giulia Pellegrino, il 2 e 3 da Luigi Somma, Introduzione e Conclusioni sono state redatte unitariamente.

attraverso forme di ibridazione con le più avanzate tecnologie di comunicazione, di cui i videogiochi costituiscono la «nostra più avanzata frontiera e forse il nostro più affascinante futuro» (Abruzzese, 1999, citato in Pecchinenda, 2010).

A tal proposito, è evidente in *Cyberpunk 2077* il debito con *Neuromante* (1986) di William Gibson, opera cardine del genere, già solo considerando le somiglianze nella linea di trama, le tematiche connesse agli sviluppi della cibernetica e una mutata percezione derivata da un rinnovato rapporto tra corpo e tecnologia. I contenuti del romanzo dello scrittore canadese e gli stilemi del genere sono rimediati attraverso il linguaggio del videogioco, che garantisce per sua natura profonde forme di immersività, declinando in maniera peculiare il concetto di «inventario della percezione» (Sterling, 2021), espediente che esemplifica le modalità attraverso cui il futuro distopico è esperito dal soggetto a livello sensoriale.

Nel 1986 Bruce Sterling cura l'antologia *Mirrorshades,* nella cui prefazione compie lo sforzo teorico di definire caratteri e confini del movimento. Gli scrittori cyberpunk innovano radicalizzando la «dimensione hard della fantascienza» (Piga Bruni, 2022), utilizzando il punk per allargare i limiti della fantascienza e la fantascienza per superare i limiti della controcultura punk (Sterling, 2021).

Nella sua forma letteraria il cyberpunk annovera all'interno del suo lessico specifico i concetti di "prosa sovraccarica" (densa, frenetica e contraddistinta da sequenze allucinatorie) e di "sballi ottici". Lo sballo ottico è un elemento anomalo, surreale che irrompe sulla scena concorrendo alla realizzazione di un effetto straniante.

La trasposizione di tali espedienti letterari nel prodotto videoludico è connessa a fenomeni di interconnessione tra dispositivi mediali che produce «tracce lasciate nei passaggi nella catena delle traduzioni mediali» (Episcopo, 2023) che consentono la realizzazione di soluzioni narrative dotate di potenzialità espressive differenti di *medium* in *medium*. In tale prospettiva risulta proficuo «analizzare l'organizzazione interna del contenuto, le modalità formali e simboliche delle narrazioni proposte, le possibili strategie e abilità stimolate dall'interazione con il testo, fino a giungere agli studi comparativi tra testi videoludici e testi prodotti nell'ambito degli altri media» (Pecchinenda, 2010).

Infatti, l'approccio comparativo ed interdisciplinare consente di cogliere la natura polifonica e multiforme dell'esperienza videoludica.

In un futuro distopico (2077) la maestosa e degenerata megalopoli Night City, memore nel nome e nell'estetica del romanzo di Gibson, è caratterizzata dall'enorme divario tra le classi sociali, tra povertà estrema e criminalità. La gestione di ogni aspetto della vita quotidiana, dai trasporti alla cibernetica, è sotto il monopolio dalle grandi corporazioni e dell'*high tech*.

Gli eroi di *Night City* rievocano nell'aspetto l'immaginario della rockstar (rimarcando la matrice musicale del fenomeno *cyberpunk*), uomini e donne contro grandi corporazioni, che garantiscono un ordine in cui vige la legge del più forte. Tuttavia, combattendo la violenza con la violenza, da eroi mutano in terroristi. Difatti, Johnny Silverhand (Keanu Reeves), personaggio centrale in *Cyberpunk 2077,* è proprio questo: una rockstar impegnata a combattere con mezzi "non convenzionali" la *Arasaka Corporation*.

Il fatto che il personaggio di Silverhand sia nelle fattezze identico all'attore che lo interpreta costituisce un ulteriore elemento di interesse per ciò che concerne l'evoluzione del videogioco. *Cyberpunk 2077,* infatti, si avvale dell'utilizzo della *motion capture*, soluzione tecnologica ampiamente utilizzata nel cinema e nell'industria videoludica, basata su un sistema fotometrico che consente di trasporre fedelmente in forma digitale le performance degli attori. Tale tecnologia supera i limiti imposti in passato da una grafica non realistica, contribuendo a forme di suggestione iperrealistica e soluzioni estetiche di grande impatto visivo.

Alt Cunningam, compagna di Silverhand, sviluppa *Soulkiller*, un'intelligenza artificiale che riproduce le menti dei *netrunner* (tecnici/informatici esploratori del cyberspazio) in un *biochip*, che attraverso collegamenti neurali, ne copia i ricordi e la coscienza, distruggendo il cervello ospitante. Di derivazione gibsoniana è lo stesso termine "cyberspazio", inteso come "allucinazione consensuale" che produce un'esperienza (potenzialmente letale) che avviene in uno spazio ibrido tra tecnologia e mente umana.

L'*Arasaka* rapisce Alt, piegando il progetto alle proprie esigenze. Sviluppano *Mikoshi*, una fortezza digitale in cui immagazzinare le menti dei propri nemici, creando le fondamenta per la futura commercializzazione del prodotto. Con la campagna *Secure your Soul* l'Arasaka intende vendere l'immortalità. Nel tentativo di salvare Alt, Johnny perde la vita, ma non la sua anima, custodita nel biochip che V (l'avatar del videogiocatore) utilizzerà nell'incipit di *Cyberpunk 2077*. Nel momento in cui il biochip inizia a sovrascrivere la coscienza di Johnny, per l'utente inizia una lotta nel tentativo di preservare la propria identità. Il dipanarsi degli eventi rivelerà come di Alt permanga solo una sua identità virtuale che, trasformata ed evoluta, diviene essa stessa IA e che Johnny, seppur solo nella coscienza, sia pervenuto ad una forma di immortalità.

La serie di circostanze iniziali conduce all'acquisizione del *Relic*, attraverso cui la versione digitalizzata di Johnny Silverhand inizia a sovrascrivere l'identità di V, rischiando di cancellarne ogni ricordo e personalità. In questa lotta per la sopravvivenza della propria coscienza le scelte compiute dal giocatore rivestiranno un ruolo fondamentale nell'esito finale di tale scontro.

L'inizio di *Cyberpunk 2077* pone l'utente di fronte alla determinazione di un *background*, che propone una scelta tra "nomade", "corporativo" e "vita da strada", in altre parole la possibilità di adottare *agency* differenti che determinano un differente sviluppo narrativo. Ciò comporta la personalizzazione del proprio avatar nelle fattezze, nel bagaglio di esperienze pregresse e nel ventaglio di opzioni legate al suo agire nel corso della storia.

Cristopher Thi Nguyen (2023), con il concetto di *agency*, intende un particolar modo di essere agente, specificando che entrare in una modalità agenziale implica di concentrarsi su un particolare insieme di abilità e metodi atti a raggiungere obiettivi definiti.

La proiezione del giocatore nel suo "doppio" genera forme di contaminazione tra identità, rapporto con la realtà circostante e potente compartecipazione emotiva. In quanto mezzo espressivo postmoderno, il videogioco, traduce con le sue specifiche tecniche la rivoluzione antropologica insita nella «smaterializzazione dell'esistenza, trionfo del virtuale e della società dello spettacolo e dei simulacri, della rappresentazione e della rappresentazione delle rappresentazioni» (Luperini, 2020).

Mutuando ciò che Martha Nussbaum afferma per la narrazione letteraria e il suo valore in termini di "immersione esperienziale", Thi Nguyen individua nei videogiochi la possibilità di esperire schemi comportamentali e forme di vita alternative, sviluppando abilità che restano poi disponibili in altre situazioni della vita. Gianfranco Pecchinenda ascrive l'esperienza videoludica ad un modello di descrizione e comprensione del reale basato sulla simulazione. Evidenzia, cioè, come la simulazione, contrariamente ad altre forme rappresentative (a cui fanno riferimento i media tradizionali) non mostri solo caratteristiche di un oggetto e la sequenza di eventi ad esso collegati, ma coinvolga la sfera del «comportamento» (Pecchinenda, 2010).

2. Avatar, fantasmi e simulacri

Zygmunt Bauman chiarisce come l'ordine moderno fosse precisamente fondato su strutture sociali solide ed affidabili entro le quali venivano ad ancorarsi i processi di costruzione dell'identità individuale; ossia nella cornice di un ordine sociale in cui «il Sé doveva essere costruito sistematicamente, mattone per mattone, secondo uno schema prestabilito. La costruzione doveva essere guidata fin dal primo momento dalla visione dell'edificio finito» (Bauman, 2018). Il concetto stesso di "ordine" rappresentava e riproduceva forme di regolarità, nelle quali diveniva possibile prevedere le condizioni di svolgimento degli eventi sociali e delle esistenze private. Pertanto, soltanto nel perimetro dello "spazio sociale", in quanto dominato dall'ordine, gli eventi era segnatamente caratterizzati da un'alta probabilità di realizzazione; soltanto nel perimetro dei suoi confini, gli attori sociali potevano "riconoscersi" e agire in maniera adeguata. Il sociologo polacco chiarisce, infatti, come tale ordine non ammettesse la presenza insidiosa di elementi caotici, connettendo tale elemento di imperturbabilità alla riproduzione di regolarità, alle «capacità apprese e le reazioni memorizzate, che ci sono utili in un ambiente stabile e privo di imprevisti» (Ibidem). Il passaggio ad un'epoca che Bauman, insieme a molti altri, connota con il termine "postmodernità", produce altresì dei sé "disancorati" e alla "deriva". A venir meno è il legame, intessuto nell'ordine moderno, dapprima esistente tra ordine globale e autocostruzione individuale: il processo di costruzione dell'io è, ora, totalmente in capo all'individuo. Tale

148

processo di autoformazione dell'identità si configura esso stesso come "compito" e "progetto" (di vita). Da una parte, nella società moderna, il rapporto tra società e individui era del tutto unidirezionale, cioè basato sul consenso, giacché le scelte degli individui dovevano essere funzionali a soddisfare quel grande meccanismo su cui si ereggeva la società; dall'altra, l'avvento della post-modernità disancora la costruzione dell'identità dalle basi solide della società, generando una condizione permanente di incertezza, refrattaria a qualsivoglia tentativo di una sua riduzione. In una dimensione sociale incessantemente esposta «a un processo di oblio delle qualità sociali», ad uno sfilacciamento delle relazioni sociali, ormai considerate alla stregua di "prestazioni a scadenza", «l'identità diviene una collezione di maschere indossate l'una dopo l'altra; le storie di vita sono un insieme di episodi il cui senso si riduce a una memoria non meno effimera». Assistiamo, quindi, ad una frammentazione dell'identità, esposta, come in una serie infinita di istantanee, ad un "eterno ricominciamento". A tal proposito, Bauman definisce "la tecnologia dell'identità palisenstale" come una tecnica degli inizi assoluti, del ricominciare sempre daccapo, «dove lo svuotare la memoria piuttosto che riempirla, è la condizione necessaria per conservare la propria efficienza».

V'è un inossidabile filo rosso che congiunge le questioni della postmodernità alle successive trasformazioni di ordine tecnologico, le quali devono necessariamente fare i conti il carattere sempre più incerto delle sue rappresentazioni.

Ciò che Jean Baudrillard definisce quale "delitto perfetto" della realtà si misura con la distruzione di ogni illusione, «la saturazione mediante la realtà assoluta». La rapida evoluzione dei dispositivi tecnologici ha, difatti, condotto ad un tale grado di realtà, da poterla definire "iper-realtà". L'iper-realtà non è meramente un'elevazione della realtà al suo massimo grado, ma è ciò che resta di una "realtà al culmine" del suo compimento: «oggi il mondo è divenuto reale al di là di ogni nostra speranza. Vi è stato un capovolgimento dei dati reali e razionali tramite il loro stesso compimento» (Baudrillard, 1996).

Ciò richiede anche una rilettura della relazione tra realtà e virtualità, se dapprima tale rapporto era determinato «dal movimento della storia», sicché dal virtuale era possibile ricondurre la sua forma attuale, ora v'è solo un'esacerbazione parossistica della realtà. L'eccesso della realtà si capovolge nel suo "doppio", nella iper-simulazione di sé medesima: «il virtuale, d'altra parte, è solamente la dilatazione del corpo morente del reale – proliferazione di un universo compiuto – al quale non resta che iperrealizzarsi a non finire». Dietro l'iper-realizzazione di questa realtà si nasconde un ideale inumano di disincarnazione, di raggiungimento di una realtà oggettiva, ove «scarichiamo la nostra illusione d'essere sulla tecnica». Sotto l'eco silenziosa nicciana, essi hanno preferito voler il nulla, anziché dismettere ogni volontà, in altre parole mediante il dispiegamento tecnologico, produttore di doppi simulacrali, «l'uomo ha smesso di credere nella sua esistenza e ha deciso di avere un'esistenza virtuale, un destino per delega». In tal modo, l'uomo si è nascosto dietro ai propri artefatti; esso ha delegato a questi l'esercizio della propria volontà, il compimento di una realtà, più reale del reale».

Il "delitto perfetto" è la resa incondizionata del mondo attraverso la sua codificazione in informazione e stringhe algoritmiche, «la risoluzione anticipata del mondo tramite la clonazione della realtà e lo sterminio del reale con il suo doppio». Ne *Lo scambio simbolico e la morte,* Baudrillard pone in opera una ricostruzione archeologica, nella quale descrive i differenti livelli di rappresentazione riguardanti "l'ordine del simulacro" (Baudrillard, 2022). Come, mediante il passaggio ad ampi corsi storici, dalla "contraffazione" rinascimentale, alla "produzione" seriale dell'epoca industriale si sia giunti ad un più attuale schema di simulazione. A distinguere le differenti fasi di passaggio, è, dunque, il progressivo assottigliamento, sino alla sua quasi definitiva scomparsa, del confine tra reale e rappresentazione, cioè tra il reale e la sua simulazione. Accediamo, in tal modo, all'ordine del "simulacro", per cui esso non nasconde la verità, «è la verità che nasconde il fatto di non esserci. Il simulacro è vero» (Baudrillard, 2008). Ancora, in *Simulacri e impostura,* in un capitolo dal titolo assai significativo "la precessione dei simulacri", egli chiarisce come la simulazione non sia più quella del territorio, di un'entità referenziale, bensì quella di un modello del reale "senza origine, né realtà": «il territorio non precede più la carta […] ormai è la carta che precede il territorio». L'inizio dell'era della simulazione coincide, infatti, con la liquidazione di tutti i referenti; si tratta, infine, di una sostituzione del reale mediante il suo "doppio operatorio", del reale con i "segni del reale".

L'identità, nella fauna mediale della tecnologia digitale, diviene, secondo Baudrillard, *ready-made,* ossia una "iperrealtà indefinibile", una specie di feticcio. Gli oggetti, individui o situazioni che incontriamo sono, alla stregua del portabottiglie di Duchamp, dei simulacri pregni di insignificanza, avendo smarrito ogni sostanza referenziale. A tal proposito, Baudrillard scrive: «È così che siamo diventati tutti dei ready-made […] impagliati nella nostra identità sterile, trasformati in musei viventi».

Come sostiene Baudrillard, soltanto l'illusione del gioco ha il privilegio di non intrattenere alcun rapporto con la verità. Non v'è alcuna necessità che si creda al darsi del gioco come una forma di realtà, giacché «vi è una relazione ancora più necessaria dei giocatori con la regola del gioco: quella di un patto simbolico, che non è mai quello con la relazione della legge» (Baudrillard, 1996). Laddove alla legge subentra la regola: non è necessario che i giocatori si comprendano gli uni con gli altri, nella misura in cui la condivisione è data dall'illusione stessa vissuta in quanto tale. L'illusione, quale principio democratico, diviene in tal modo, la regola arbitraria rispetto al quale tutti sono uguali; non esiste né giustizia né ingiustizia, bensì è il caso a regolare la distribuzione dei destini, a tramutare «l'incertezza in regola del gioco».

3. Il gioco e la morte: pratiche di sopravvivenza
Ne *Lo spirito del tempo*, Edgar Morin individua nella cultura di massa elementi riconducibili alla cultura folclorica, o addirittura arcaica: «canti, danze, giochi, ritmi della radio, della televisione, del cinema, risuscitare l'universo delle feste, delle danze, dei giochi dei ritmi dei vecchi folclori» (Morin, 2017). La cultura di massa industriale, reintroducendo sincreticamente tali elementi folcloristico-arcaici all'interno dell'universo audiovisivo massmediale realizza inedite forme di "partecipazione collettiva"; ristabilendo, in tal modo, una nuova modalità di relazione, per cui «la cultura di massa separa fisicamente attori e spettatori. Lo spettatore partecipa soltanto mentalmente allo spettacolo». All'unità di partecipazione collettiva che caratterizzava la cultura folclorica viene a sostituirsi una forma inedita di "tele-partecipazione mentale" istantanea, ossia una presenza umana che è, allo stesso tempo, una forma di assenza. La ritualità cerimoniale della festa, del canto e delle danze scompare a vantaggio dello "spettacolo del gioco": «danze e giochi del passato scompaiono a vantaggio del ballo, delle canzoni alla moda, della corsa ciclistica, della gara canora e di altri giochi resi popolari dai mass-media».
Alcuni caratteri della cultura arcaica vengono, dunque, incorporati, mediante forme sincretiche di disintegrazione e

reintegrazione, nella cultura di massa "universalizzandoli", epurandone la natura folclorica in una sorta di forma di neo-arcaismo. Morin ravvisa nel neo-arcaismo «l'*anthropos* comune [...] fondo mentale universale costituito in parte dall'uomo arcaico che ognuno porta in sé».

La cultura di massa, nella sua opera di colonizzazione del tempo libero e degli spazi di vita privata, diviene, secondo Morin, una gigantesca etica del tempo libero (*loisir*); laddove il consumo stesso dei prodotti diviene "autoconsumo della vita individuale", un invito a consumare la propria esistenza, ma soprattutto un «divertimento fine a stesso». In tal senso, "gioco" e "spettacolo" occupano una buona fetta del "tempo libero", segnando «un ritorno massiccio alle origini infantili del gioco». Vi è, certamente, in essi il perpetuarsi nel tempo di pratiche arcaiche, la cui novità è data da un nuovo tipo di partecipazione "tele-audio-visiva": «le nuove tecnologie creano un nuovo tipo di spettatore puro, cioè separato fisicamente dallo spettacolo, ridotto allo stato passivo di voyeur [...] in compenso, l'occhio dello spettatore è ovunque». Lo spettatore dell'epoca moderna si proietta negli "altrove" immaginari, pur restando seduto alla finestra, giacché «un sistema di cristalli e di specchi, di schermi cinematografici e televisivi, di porte a vetro degli appartamenti moderni, qualcosa di translucido o trasparente» lo separa dalla realtà fisica. In ogni spettacolo della cultura di massa, veicolato dai differenti media, è presente, dunque, una componente ludica implicita, la quale trova realizzazione finanche negli hobby, nelle gite e nelle attività di svago: «una delle peculiarità del divertimento moderno è questa espansione del gioco come una attività che non ha altro fine se non nel piacere che si prova a praticarla». La vita dell'individuo(giocatore), la quale scorre "nel doppio binario di sogno e immaginario", è esaltazione nichilistica del "Gioco-Spettacolo", come esperienza del declino dei grandi sistemi di valori. Purtuttavia, Morin evidenzia la funzione essenziale della modalità estetica, poiché quest'ultima non risponde soltanto ai modi di consumo degli immaginari riprodotto negli spettacoli, bensì risponde ad un peculiare tipo di partecipazione. «Nel rapporto estetico coesiste una partecipazione allo stesso tempo intensa e distaccata», in altre parole alla "partecipazione estetica" corrisponde il manifestarsi di una "doppia coscienza". Esso richiama meccanismi proiettivo- identificativi, soltanto parzialmente assimilabili alla sfera magico-religiosa. Lo spettatore-giocatore è consapevole della natura finzionale dello spettacolo, pur sentendosi implicato in esso mediante un profondo coinvolgimento. Tale universo immaginario acquisisce vita mediante lo sguardo del giocatore, giacché egli è nel medesimo tempo posseduto dal medium videoludico, e si proietta e identifica con i personaggi in situazione, nella misura in cui "essi vivono in lui e lui vive in loro". Diviene così possibile riconoscere la relazione originaria che la dimensione estetica intrattiene con la visione primordiale del mondo, se consideriamo anche come tale rapporto si traduca «nell'incantesimo del gioco, dell'immagine e della favola». All'apice del doppio movimento della proiezione e identificazione, tale funzione di divertimento, di evasione, di "transfert quasi sacrificale" si espande fino ai confini degli immaginari: il lettore, lo spettatore e il giocatore, «mentre si liberano delle potenzialità psichiche, sintetizzandole in eroi in situazione, si identificano con questi personaggi che, tuttavia gli sono estranei e vivono esperienze che non praticano». Questo duplice movimento, chiarisce Morin ne Il *cinema o l'uomo immaginario* (2016) ha la sua matrice nella potenza dell'immagine; «l'immagine è già imbevuta di potenze soggettive, che la spostano, la deformano, la proiettano nella fantasia e nel sogno [...] l'immaginario strega l'immagine. Esso prolifera sull'immagine come il suo cancro naturale».

L'incontro dialettico tra immagine e immaginazione, reale e immaginario accenna al "regno dei doppi", una potenza proiettiva «crea un doppio per ogni cosa per farla espandere nell'immaginario» (Morin, 2016).

Il doppio dell'uomo corrisponde, tuttavia, al doppio di ogni altra cosa, reale o inanimata; nel mondo arcaico, il regno della morte è un universo speculare a quello dei vivi, per l'appunto, un esatto ricalcamento del suo doppio.

È nell'interpolazione complessa, interna alla natura antropologica umana, tra apertura alle partecipazioni e autodeterminazione, che possiamo ritrovare il duplice atteggiamento umano dinanzi alla morte, "rischio di morte" e "orrore della morte". Tale atteggiamento, fondato sulla preistoria, l'etnologia, la sociologia e la psicologia culturale, trova riscontro e conferme in conoscenze di carattere biologico. Soltanto mediante una comprensione profonda della natura socio-antropo-biologica dell'uomo è possibile cogliere il movimento regressivo della specie da cui viene a stagliarsi l'individuo umano; per tale motivo, Albert Vandel scrive che «l'uomo rappresenta per certi aspetti un tipo primitivo dai caratteri generalizzati che corrisponde a una costituzione molto più semplice rispetto a quella della maggior parte dei mammiferi» (Morin, 2021). L'individuo umano è, dunque, «il solo animale creatore di generalità e di specialità che si autodetermina determinando il suo ambiente», ma che, tuttavia, esplica la sua azione in una condizione di "disadattamento" alla natura. Se la sua fonte di ricchezza è in "questo disadattamento all'adattamento (così definito dallo stesso Morin), il suo peccato originale è da ricondursi alla morte. Nelle coscienze arcaiche, in cui le esperienze delle metamorfosi, delle trasmigrazioni, della sparizione e riapparizioni appartengono al sostrato elementare del mondo, «ogni morte annuncia una nascita, ogni nascita deriva da una morte, ogni cambiamento coincide con una morte-rinascita» (ivi, 2021).

Morin pone l'una accanto all'altra "le due grandi credenze", la morte-rinascita attraverso la trasmigrazione e la morte-sopravvivenza del doppio, sottolineando la logica sincretica che li unisce in un intreccio complesso. «Si noti che, nell'ambito di questi sincretismi, la rinascita del morto in un bambino possa avvenire soltanto allorché la presenza-ricordo dell'individualità sia sbiadita». Il doppio, la sua sopravvivenza individuale, tende a obliterare la rinascita del mondo in un nuovo essere vivente; tuttavia, la fecondità di questo ciclo universale che trae vita dalla morte non può cessare: «E così, la morte-rinascita ci appare come un universale. Universale della coscienza arcaica, universale della coscienza infantile. Il primitivo, in ciascun uomo, viene superato ma conservato». La morte-rinascita è, nondimeno, quale legge del cosmo, una forma di immortalità, per l'uomo che ve ne sia appropriato. Esso non si serve della morte solamente per pervenire ad uno stato di immortalità, ma trae dalla morte stessa linfa vitale. Tale pratica si esprime attraverso il sacrificio, che è, secondo Morin, «la modalità magica sistematica e universale per mettere a frutto la forza fecondante della morte». Il sacrificio, dovunque, inscrivendosi nel rapporto morte-sacrificio, è atto (ri)vivificante che ridona nuova vita. Morte e (ri)nascita, ma anche nascita e morte, persino nella natura inversa e capovolta di tale relazione, intrattengono uno stretto legame con l'iniziazione. I riti di iniziazione rappresentano un'istanza di passaggio a una nuova vita, "l'entrata nella società degli adulti", o in una società religiosa-misterica: «sono vere e proprie rappresentazioni simboliche della morte e della nascita che traducono il grande tema analogico verso la nuova vita attraverso la morte».

Nel momento esatto in cui l'iniziato riceve un nome nuovo e partecipa al pasto comune, diviene a sua volta simbolo della morte-nascita, «avviene un rovesciamento dialettico dell'analogia. La morte, in quanto passaggio, diventa un'iniziazione». V'è, in definitiva, nella riflessione moriniana intorno alla morte, un termine di contraddizione inesorabile, il quale è dato, da una parte, dal tentativo umano (il "bisogno antropologico") di giungere ad una condizione di "amortalità", che è anche affermazione della sua individualità, ossia della sua coazione ad esistere; dall'altra, un desiderio di "partecipazione cosmica", che reca in sé il mistero e la necessità dell'universo, di giungere con la morte al compimento di una «totalità che richiami la morte cosmica».

4. Game over ed «eterno ritorno»

Le dinamiche cicliche che caratterizzano l'esperienza della morte nel videogioco fanno sì che essa perda uno dei suoi tratti distintivi: l'unicità. La morte diviene reversibile e a-temporale liberando i giocatori della linearità e della conseguenzialità di vita e morte (Bauman, 1995). Inscenare e decostruire la propria morte trasferendola su un avatar consente di esorcizzarla spogliando la morte della sua natura mostruosa. Johan Huizinga, in *Homo ludens,* sottolinea la natura ludica dei fenomeni culturali, focalizzandosi sulla loro profonda connessione sin dall'antichità classica con le pratiche cultuali e la spiritualità. Il teatro classico viene, infatti, riconnesso dallo storico all'ambito della gara e della competizione, ma non come manifestazione letteraria, bensì come «religione giocata» (Huizinga, 2002). Ciò evidenzia come la matrice cultuale e la componente finzionale consentano di cogliere i profondi legami di interrelazione tra la tragedia greca, le sue origini rituali e i comportamenti ludici, che costituiscono in tal senso aspetti peculiari della natura umana.

Il rapido trionfo della tecnica produce nella postmodernità una smaterializzazione dell'identità e della realtà circostante, a cui segue una progressiva «desocializzazione dell'individuo» (Luperini, 2020) e nuove istanze narrative attraverso l'ibridazione con più recenti forme di comunicazione, quali cinema, fumetto e videogioco.

La forma ludica del videogioco costituisce, in questo senso, «uno degli indicatori più significativi per la comprensione dell'immaginario collettivo della contemporaneità» (Pecchinenda, 2010) divisa tra razionalizzazioni e spinte de-secolarizzanti.

Cyberpunk 2077 ci pone di fronte all'antica dicotomia vita-morte, calata in una società collassata in chiave *high-tech*. Nel momento in cui la morte non è definitiva, ma vi è la possibilità di salvare il gioco e ricominciare, l'utente decostruisce la propria morte approdando ad una condizione di "immortalità digitale". L'arena di gioco inscena una «rappresentazione teatrale della lotta per la sopravvivenza» (Ceccherelli, 2007), in cui la morte moltiplicata e «spersonalizzata» (ivi, 2007) assurge ad una funzione didascalica. L'utente apprende dalla propria morte e assume maggiore competenza, che utilizzerà riavviando la partita dall'ultimo salvataggio. Il *game over*, in questi termini, diviene parte di un processo conoscitivo.

L'eterna lotta dell'uomo contro il tempo costituisce uno dei tratti peculiari delle pratiche cultuali e alle manifestazioni estetiche che ne derivano accomunate dall'utilizzo di forme ludiche. La lezione di Huizinga è raccolta da Roger Callois nel 1958 in *I giochi e gli uomini*, che oltre a cogliere caratteri di permanenza e l'universalità del gioco nella cultura umana, definisce la situazione ludica «un'isola limitata, consacrata artificialmente a competizioni calcolate, a rischi ridotti, a finzioni senza conseguenze e a estasi addomesticate» (Callois, 2017). Ogni gioco procura nei giocatori uno stato psico-fisico di astrazione ed evasione; le peculiarità attraverso cui si struttura e caratterizza sono «espressione o valvola di sfogo di valori collettivi» (ivi, 2017) consentendo di cogliere le specificità antropologiche di un popolo. In tal senso, ciò rimarca nuovamente il legame con la tragedia classica che, portando sulla scena il mito, rappresenta il sistema di valori dell'uomo greco in un fitto gioco di simboli e maschere.

Callois giunge ad una classificazione delle tipologie di gioco rintracciando quattro categorie (*agon, alea, mimicry, ilinx*) e due "poli antagonisti": *paidia* e *ludus,* intesi: il primo, come gioco spontaneo scandito da fantasia e improvvisazione e il secondo, caratterizzato dalla tendenza opposta, ovvero dalla tendenza normativa. Con i termini di *agon* e *alea*, lo studioso francese descrive due atteggiamenti opposti in cui rispettivamente il ruolo del merito o del caso determinano l'esito del gioco. Con il termine *mimicry,* egli si riferisce alla componente finzionale del travestimento; con *ilinx* la ricerca della vertigine, del voluttuoso spasmo dionisiaco.

Gli ecosistemi autoregolati dei videogiochi (tra cui quello di *Cyberpunk 2077*) fungono da polo di evasione sia in termini spaziali attraverso lo sviluppo di soluzioni *openworld* (in cui l'universo di gioco è interamente esplorabile per la maggior parte del tempo di gioco), sia in termini prettamente narrativi, dal momento che la possibilità di scelta tra un finale che possa determinare o meno la propria "mortalità" o "immortalità" costituisce un fattore di autodeterminazione che influenza l'intera economia della narrazione.

5. Conclusioni

Tale tema presenta visibili connessioni con le istanze della postmodernità, le quali osservano una frammentazione e moltiplicazione senza termini delle identità individuali e sociali; quest'ultime, poste all'interno di un ordine sociale radicalmente mutato dalla tecnologia, interrogano la natura stessa del "doppio", ossia della relazione che l'identità intrattiene riflessivamente con un'alterità che corrisponde all'altra faccia del proprio sé.

In conclusione, il contributo ha evidenziato in maniera volutamente pluriprospettica come le potenzialità tecniche del videogioco consentano di porsi quale vettore di macrotemi essenziali nella riflessione che caratterizza gli immaginari connessi a futuri distopici e sviluppi dell'IA. In questo senso, *CD project Red* propone attraverso l'esperienza di *Cyberpunk 2077* una chiave di lettura in cui la morte e il suo superamento attraverso la tecnologia costituisca un tassello fondamentale nei processi di costruzione identitaria.

Bibliografia

Bauman Z. (2005), *Vita liquida* Laterza, Roma, 2008.

Bauman Z. (1992), *Mortalità, immortalità e altre strategie di vita*, Il Mulino, Bologna, 2012.

Bauman Z. (1997), *Il disagio della postmodernità*, Laterza, Roma, 2018.

Bauman Z. (2000), *Modernità liquida*, Laterza, Roma, 2024.

Baudrillard J. (1995), *Il delitto perfetto. La televisione ha ucciso la realtà?*, Raffaele Cortina, Milano, 1996.

Baudrillard J. (1976), *Lo scambio simbolico e la morte*, Feltrinelli, Milano, 2015.

Baudrillard J. (1981), *Simulacri e impostura. Bestie, beaubourg, apparenze e altri oggetti*, Pgreco edizioni, Milano, 2022.

Bolter-Grusin (1999), *Remediation, Competizione e integrazione tra media vecchi e nuovi*, Guerini, Milano, 2020.

Callois R. (1958), *I giochi e gli uomini, La maschera e la vertigine,* Bompiani, Firenze-Milano, 2017.

Ceccherelli A. (2007), *Oltre la morte. Per una mediologia del videogioco,* Liguori, Napoli.

Episcopo G. (2023), *La letteratura e i media* in *Letterature comparate,* a cura di De Cristofaro F., Carocci, Roma.

Huizinga J. (1938), *Homo ludens,* Einaudi, Torino, 2002.

Luperini R. (2020), *Dal modernismo a oggi. Storicizzare la contemporaneità,* Carocci, Roma.

Gibson. W. (1984), *Neuromante,* Nord, Milano, 1986.

Morin E. (1956), *Il cinema o l'uomo immaginario,* Raffaello Cortina, Milano, 2016.

Morin E. (1962), *Lo spirito del tempo,* Meltemi, Milano, 2017.

Morin E. (1979), *Il paradigma perduto. Che cos'è la natura umana?,* Raffaele Cortina, Milano, 2020.

Morin E. (1970), *L'uomo e la morte,* Il Margine, Trento, 2021.

Morin E. (2001), *L'identità umana,* Raffaele Cortina, Milano, 2002.

Pecchinenda G. (2010), *Videogiochi e cultura della simulazione. La nascita dell'"homo game',* Laterza, Bari-Roma.

Piga Bruni E. (2022), *La macchina fragile. L'inconscio artificiale fra letteratura, cinema e televisione,* Carocci, Roma.

Sterling B. (a cura di) (1986), *Mirrorshades,* Bompiani, Milano, 1994.

Sterling B. (2021) *Introduzione* in AA.VV. *Cyberpunk. Antologia assoluta,* Mondadori, Milano.

Thi Nguyen C. (2020), *Giocare è un'arte. Il gioco come tecnologia trasformativa,* ADD, Torino, 2023.

Biografie:

Enrico Ciccarelli, sociologo e giornalista, laureato presso l'Università degli studi di Napoli Federico II. Collabora con diverse testate giornalistiche tra cui *Libero Pensiero, Everyeye, N3rdcore*. Ha pubblicato *Il sistema mimetico nell'universo narrativo del* Trono di Spade, in *I mondi di* Game of Thrones. Amori, poteri, conflitti a Westeros a cura di Adolfo Fattori, KrillBooks, Lecce 2023; *Genetica, meccanismi e rottura del senso comune: Westworld, il Truman Show e la nostra realtà tra rischi beckiani e aporie contemporanee* in *I mondi di Westworld Distopie tecnologiche e futuri sintetici*, a cura di Adolfo Fattori, IIF, Napoli, 2023.

Marica Castaldi è studentessa di dottorato di ricerca in Scienze Sociali e Statistiche presso l'Università degli Studi di Napoli Federico II. La tipologia di dottorato le permette di svolgere ricerca in Fabbrica Italiana dell'Innovazione (Spici srl), situata a San Giovanni a Teduccio. Si occupa dell'impatto delle tecnologie digitali sulla società, studiando il ruolo delle nuove tecnologie e delle forme innovative di imprenditorialità, con focus su blockchain e startup. Pubblica ViP: Voyeurismo in Panopticon. Il dominio in Squid Game nel volume "Futuri 18, a cura di Carolina Facioni (2022), dell'Italian Institute for the Future. Nel 2023 su "Quaderni d'Altri Tempi" ha pubblicato l'articolo Apocalittici e Integrati nell'era algoritmica. Ha partecipato al convegno di metà mandato AIS tenutosi a Lecce nel settembre 2024 dal titolo Emozioni e ragioni nella società neoliberista il suo intervento intitolato La questione della fiducia: utilizzare la blockchain e le criptovalute nella società. Ha presentato, insieme ad altri colleghi, un contributo intitolato Digital Society and Labor

Market: A Mixed Methods Analysis in Five Departments of the University of Naples Federico II presso la V Conferenza Internazionale ILIS (International Lab for Innovative Social Research) tenutasi nel novembre 2024 presso l'Università degli Studi di Salerno.

Adolfo Fattori è docente di discipline sociologiche presso l'Accademia di Belle Arti di Napoli. È stato docente di Sociologia presso l'Università Federico II. È stato docente di Discipline aziendali negli istituti statali superiori di secondo grado. È presente in *Digital storytelling e racconto non lineare. Spazializzazione e fine del dramma* a cura di Matilde de Feo (Meltemi, 2024) con la *Prefazione* e un contributo. Ha pubblicato *Tex Willer. L'immaginario di un eroe popolare* (Centoautore, 2020), *Flash Gordon fra l'immaginario coloniale e la metafantascienza*, in *Flash Gordon. L'avventurosa meraviglia*, a cura di Mario Tirino (NPE, 2019). *Di cose oscure e inquietanti* (Krill, 2018), *Sparire a se stessi. Interrogazioni sull'identità contemporanea*, (Ipermedium, 2013), *Cronache del tempo veloce. Immaginario e Novecento* (Liguori, 2010), *Materia dei sogni. Elementi di sceneggiatura per le scienze sociali* (Ipermedium, 2006), *Memorie dal futuro. Spazio tempo identità nella fantascienza* (Ipermedium, 2001), *L'immaginazione tecnologica* (Liguori, 1980). Ha curato: *I mondi di* Westworld. *Distopie tecnologiche e futuri sintetici*, IIF, Napoli, 2023; *I mondi di* Game of Thrones *Potere, amori, conflitti a Westeros*
Black Lodge. Fenomenologia di Twin Peaks (con Mario Tirino, Avanguardia 21, 2021), *Traiettorie dell'immaginario. Percorsi della sociologia della narrazione e dell'immagine* (Krill, 2020), *Design del neoseriale. Sociologia dell'immagine nella post-serialità digitale* (Krill, 2019); con Antonio Fabozzi la voce *Fantascienza* nella *Letteratura Italiana* curata da Alberto

Asor Rosa (Einaudi, 1984). È membro del comitato scientifico dell'Italian Institute for the Future. Pubblica su riviste accademiche e scientifiche.

Vittoria Laboccetta è nata a Napoli nel 1998.
Si è laureata con lode nel 2021 in Culture digitali e della comunicazione presso l'Università di Napoli Federico II, con una tesi dal titolo *L'errore di Cartesio nei prodotti culturali: la coscienza artificiale tra embodied cognition e libero arbitrio.*
Nel 2022 ha conseguito il diploma in grafica e pubblicità art&copy all'Accademia Ilas.
Attualmente è iscritta all'Accademia di Belle Arti di Napoli. Ha pubblicato *L'errore di Cartesio nella coscienza artificiale di Westworld*, in *I mondi di Westworld Distopie tecnologiche e futuri sintetici*, a cura di Adolfo Fattori, IIF, Napoli, 2023.

Pasquale "Pako" Massimo. Si occupa di *storytelling*. I suoi studi regolari sono arrivati fino alla fine dell'Accademia di Belle Arti, nel 1996, e da allora continua voracemente a studiare. Ha cominciato a fare il docente alla fine degli anni Novanta del secolo scorso e dal 2003 insegna anche all'Accademia di Belle Arti dove attualmente si occupa di Graphic Design Multimedia. Si interessa di fumetti da sempre e ha insegnato questo linguaggio per un pezzo importante della sua vita professionale. Lo affascinano le nuove tecnologie e gli strumenti digitali applicati ai vecchi e nuovi linguaggi di comunicazione, con una particolare attenzione al *Game design* perché ritiene i videogiochi un affascinante contenitore crossmediale che vale la pena indagare e studiare.
È co-autore dell'articolo *Ø-K-A.I. (Zero Kelvin Artificial Intelligence: Storia laterale dell'I.A.)* con Adolfo Fattori, corredato anche con due illustrazioni digitali, pubblicato in *RootsRoutes Research on Visual Culture*, anno XIV, n. 45,

"Perturbare lo spazio latente" (che viene riproposto in questo volume). È stato co-autore con Enrica D'Aguanno dell'articolo *La comunicazione digitale dei contenuti del patrimonio artistico. L'App "Sirena digitale"*, pubblicato in *SIRENA DIGITALE, Suoni e visioni della Napoli postmoderna dal mito di Parthenope all'ologramma*, UTET Università (2023). Nel 2021 ha realizzato *The Lost Probe*, storia a fumetti di 10 pagine nel volume *Dante 700 anni dopo* M. De Martino (a cura di), *Dante 700 anni dopo*, Formamentis, Bolzano.

Antonella Napoli è Ricercatrice TD-b in Sociologia dei processi culturali e comunicativi presso il DISPAC dell'Università di Salerno. Tra le sue linee di ricerca vi sono la società digitale, l'Intelligenza Artificiale, i critical media studies e il rapporto tra media e generazioni. Tra le sue pubblicazioni: *The human-centered AI and the EC policies: risks & chances* (2020, Peter Lang, G. La Rocca, J. Martìnez-Torvisco eds.); *AlgoTV: GenerazioneZ e social media nell'epoca della riproducibilità algoritmica* (2023, Ledizioni, G. Frezza, M. Merico eds.), *Il discorso pubblico sull'intelligenza artificiale. Un approccio critico.* (COMUNICAZIONEPUNTODOC, 2020); *La smart city e la retorica neoliberista. Una riflessione critica sullo spazio urbano codificato* (2020, Morlacchi Editore, A. Napoli, a cura di); *Generazioni online. Processi di ri-mediazione identitaria e relazionale nelle pratiche comunicative web-based* (2015, FrancoAngeli), *Indelebili tracce, I media e la rappresentazione della morte ai tempi della rete* (curatela con Alessandra Santoro), Ipermedium, Funes, Napoli, 2017.

Maria Pecchinenda è laureata in Giurisprudenza all'Università Parthenope di Napoli e in Comunicazione Pubblica, Sociale e Politica all'Università Federico II di Napoli.

Ha inoltre conseguito un Master (di Primo e poi di Secondo livello) in Mediazione Familiare presso il CNMA, ente accreditato dal Ministero della Giustizia. Attualmente è dottoranda di ricerca in Scienze e Culture dell'Umano presso l'Università degli Studi di Salerno. Ha partecipato come relatrice al convegno AIS di Lecce 2024 "emozioni e ragioni nella società neoliberista" con un intervento dal titolo *La struttura narrativa dell'allontanamento emotivo* inserito nella sezione dedicata all'Intersezione tra "Immaginario" e "Vita quotidiana".

Giulia Pellegrino studia Musicologia presso l'Università di Roma La Sapienza. Si è laureata precedentemente in Filologia moderna presso l'Università degli Studi di Salerno discutendo una tesi di letterature comparate incentrata sull'influenza della tetralogia wagneriana nella narrativa di Tolkien. Si è diplomata (V.O.) in Flauto traverso presso l'Istituto di Alta Formazione Musicale Domenico Cimarosa di Avellino nella classe del M° Salvatore Lombardi. I suoi interessi scientifici sono orientati allo studio dell'intersezione tra letteratura e musica e alle rispettive manifestazioni intermediali. Nel 2024 ha partecipato in qualità di relatrice al convegno di Future Studies "Osare il Futuro" dell'Italian Institute for the Future a Napoli, con un intervento sulla rimediazione del mito negli immaginari videoludici. È autrice di un saggio compativo incentrato sulla rimediazione del mito norreno attraverso l'analisi del videogioco *Elden Ring* e l'opera di Tolkien, in attesa di pubblicazione sulla rivista Futuri (n.22). Insegna nelle scuole secondarie di primo e secondo grado e frequenta corsi nazionali e internazionali di perfezionamento musicale.

Luigi Somma è dottorando di ricerca all'Università degli Studi di Salerno in Social Theory, Digital Innovation and Public

Policies e cultore della materia in Sociologia dei processi culturali, Sociologia della comunicazione e Sociologia del cinema e degli audiovisivi (Dipartimento Dispac, Università degli Studi di Salerno). Collabora con il Centro Studi Media Culture Società del Dipartimento di Studi Politici e Sociali dell'Università di Salerno. È membro del comitato editoriale della rivista "Futuri" (Anvur – area 14) dell'Italian Institute for the Future, per la quale è autore di diverse curatele e articoli scientifici.

È, inoltre, nell'Editorial Board del Wcsa Journal (World Complexity Science Academy). Ha partecipato in qualità di relatore alle edizioni 2023 e 2024 dei convegni di Futures Studies organizzati dall'Italian Institute for the Future.

I suoi interessi di ricerca sono specificatamente rivolti alle teorie della complessità e ai processi culturali, comunicativi e sociali connessi ai media digitali e alle nuove tecnologie.